河北省社会科学发展研究课题（20210101021）

# "十四五"建筑业
# 绿色化发展及绿色化改造研究

戎 贤 著

中国建设科技出版社
北 京

图书在版编目（CIP）数据

"十四五"建筑业绿色化发展及绿色化改造研究/
戎贤著 . --北京：中国建设科技出版社，2024.10.
ISBN 978-7-5160-3465-1

Ⅰ．TU201.5

中国国家版本馆 CIP 数据核字第 2024QE5320 号

"十四五"建筑业绿色化发展及绿色化改造研究
"SHISIWU" JIANZHUYE LÜSEHUA FAZHAN JI LÜSEHUA GAIZAO YANJIU
戎　贤　著

出版发行：中国建设科技出版社
地　　址：北京市西城区白纸坊东街 2 号院 6 号楼
邮　　编：100054
经　　销：全国各地新华书店
印　　刷：北京印刷集团有限责任公司
开　　本：787mm×1092mm　1/16
印　　张：7.25
字　　数：180 千字
版　　次：2024 年 10 月第 1 版
印　　次：2024 年 10 月第 1 次
定　　价：58.00 元

# 目　　录

# 1 建筑业高质量发展趋势

## 1.1 建筑业市场宏观发展趋势

建筑业是国家经济的重要支柱产业，近年来在国内外市场需求的驱动下，中国建筑业发展迅猛。随着国家经济的发展和城市化进程的加快，建筑业将继续发挥其重要作用。

当前，中国建筑业呈现出一系列特点。首先，产业规模巨大，对国内生产总值（Gross Domestic Product，GDP）的贡献率持续增长。其次，产业结构和市场结构持续优化，技术创新不断取得突破。同时，行业管理不断规范，从业人员的素质和专业水平有了显著提高。

面对风高浪急的国际环境和艰巨繁重的国内改革发展稳定任务，党中央团结带领全国各族人民，加大宏观调控力度，实现了经济平稳运行、发展质量稳步提升、社会大局保持稳定的目标，我国发展取得来之不易的新成就。其中，《政府工作报告》（2023年3月5日在第十四届全国人民代表大会第一次会议上）中与建筑业面临的新形势新任务相关的政策有：

一要着力稳定宏观经济大盘，保持经济运行在合理区间。继续做好"六稳""六保"工作。宏观政策有空间有手段，要强化跨周期和逆周期调节，为经济平稳运行提供有力支撑。要用好政府投资资金，带动扩大有效投资。强化绩效导向，坚持"资金、要素跟着项目走"，合理扩大使用范围，支持在建项目后续融资，开工建设一批具备条件的重大工程、新型基础设施、老旧公用设施改造等项目。民间投资在投资中占大头，要发挥重大项目牵引和政府投资撬动作用，完善相关支持政策，充分调动民间投资积极性。

二要坚定不移深化改革，更大程度激发市场活力和发展内生动力。处理好政府和市场的关系，使市场在资源配置中起决定性作用，更好发挥政府作用，构建高水平社会主义市场经济体制。加强数字政府建设，推动政务数据共享，进一步压减各类证明事项，扩大"跨省通办"范围，基本实现电子证照互通互认，便利企业跨区域经营，加快解决群众关切事项的异地办理问题。推进政务服务事项集成化办理，推出优化不动产登记、车辆检测等便民举措。强化政府监管责任，严格落实行业主管部门、相关部门监管责任和地方政府属地监管责任，防止监管缺位。加快建立健全全方位、多层次、立体化监管体系，实现事前、事中、事后全链条全领域监管，提高监管效能。抓紧完善重点领域、新兴领域、涉外领域监管规则，创新监管方法，提升监管精准性和有效性。深入推进公平竞争政策实施，加强反垄断和反不正当竞争，维护公平有序的市场环境。促进多种所有制经济共同发展。

坚持和完善社会主义基本经济制度，坚持"两个毫不动摇"。完成国企改革三年行动任务，加快国有经济布局优化和结构调整，深化混合所有制改革，加强国有资产监管，促进国企聚焦主责主业、提升产业链供应链支撑和带动能力。

三要深入实施创新驱动发展战略，巩固壮大实体经济根基。推进科技创新，促进产业优化升级，突破供给约束堵点，依靠创新提高发展质量。加大企业创新激励力度。强化企业创新主体地位，持续推进关键核心技术攻关，深化产学研用结合，促进科技成果转移转化。加强知识产权保护和运用。促进创业投资发展，创新科技金融产品和服务，提升科技中介服务专业化水平。加大研发费用加计扣除政策实施力度，将科技型中小企业加计扣除比例从75%提高到100%，对企业投入基础研究实行税收优惠，完善设备器具加速折旧、高新技术企业所得税优惠等政策。促进数字经济发展，加强数字中国建设整体布局。建设数字信息基础设施，逐步构建全国一体化大数据中心体系，推进5G规模化应用，促进产业数字化转型，发展智慧城市、数字乡村。加快发展工业互联网，培育壮大集成电路、人工智能等数字产业，提升关键软硬件技术创新和供给能力。完善数字经济治理，培育数据要素市场，释放数据要素潜力，提升应用能力，更好赋能经济发展、丰富人民生活。

四要坚定实施扩大内需战略，推进区域协调发展和新型城镇化。畅通国民经济循环，打通生产、分配、流通、消费各环节，增强内需对经济增长的拉动力。推动消费持续恢复。多渠道促进居民增收，完善收入分配制度，提升消费能力。加大社区养老、托幼等配套设施建设力度，在规划、用地、用房等方面给予更多支持。积极扩大有效投资。围绕国家重大战略部署和"十四五"规划，适度超前开展基础设施投资。建设重点水利工程、综合立体交通网、重要能源基地和设施，加快城市燃气管道、给排水管道等管网更新改造，完善防洪排涝设施，继续推进地下综合管廊建设。政府投资更多向民生项目倾斜，加大社会民生领域补短板力度。深化投资审批制度改革，做好用地、用能等要素保障，对国家重大项目要实行能耗单列。要优化投资结构，破解投资难题，切实把投资关键作用发挥出来。

增强区域发展平衡性协调性。深入实施区域重大战略和区域协调发展战略。推进京津冀协同发展、长江经济带发展、粤港澳大湾区建设、长三角一体化发展、黄河流域生态保护和高质量发展，高标准高质量建设雄安新区，支持北京城市副中心建设。

提升新型城镇化质量。有序推进城市更新，加强市政设施和防灾减灾能力建设，开展老旧建筑和设施安全隐患排查整治，再开工改造一批城镇老旧小区，支持加装电梯等设施，推进无障碍环境建设和公共设施适老化改造。健全常住地提供基本公共服务制度。加强县城基础设施建设。稳步推进城市群、都市圈建设，促进大中小城市和小城镇协调发展。推进成渝地区双城经济圈建设。严控撤县建市设区。在城乡规划建设中做好历史文化保护传承，节约集约用地。要深入推进以人为核心的新型城镇化，不断提高人民生活质量。

五要切实保障和改善民生，加强和创新社会治理。坚持尽力而为、量力而行，不断提升公共服务水平，着力解决人民群众普遍关心关注的民生问题。继续保障好群众住房需求。坚持房子是用来住的、不是用来炒的定位，探索新的发展模式，坚持租购并举，加快发展长租房市场，推进保障性住房建设，支持商品房市场更好满足购房者的合理住房需求，稳地价、稳房价、稳预期，因城施策促进房地产业良性循环和健康发展。

国家出台《关于印发扎实稳住经济一揽子政策措施的通知》《"十四五"可再生能源发展规划》《"十四五"新型城镇化实施方案》等一系列政策文件，引导建筑工程逐渐朝着绿色化、智能化发展。管道焊接机器人代替人工开展自动焊接作业；智能抹灰机器人开展抹灰施工，它的工作效率是人工抹灰的 6～8 倍；四足机器狗搭载的传感器进行实时记录和回传等，均为建筑工程逐渐走向智能化的表现。在建设领域，国家积极推广应用绿色建材、绿色施工技术、绿色建筑产品，从建材的生产、建筑施工的全过程到建筑物的使用的全寿命周期各环节均采用节能减排标准，形成绿色建筑生态系统。

江苏、广东、浙江等沿海地带建筑业发展迅猛，从大规模发展转变为高质量发展，优化产业结构，带动我国建筑业持续发展。随着我国综合国力和影响力不断提升，中国建筑业越来越受到国际社会重视和认同。新一轮基础设施建设已经拉开序幕，国内建筑市场仍有较大空间，政府持续践行海外高质量发展战略，抓住"一带一路"倡议带来的商机，同时，通过与发达国家同台竞争，学习先进的技术和理念，强化我国建筑业国际化经营模式。

行业龙头企业加强资源整合，市场集中度不断提升，企业竞争压力增大，优胜劣汰进程进一步加快。未来，企业必须以高质量发展为主线，通过创新、技术、人才等驱动力向智能化建造转型，集设计、研发、生产等为一体，提高产业链现代化水平，增强核心技术、产业扩张等核心竞争力，"建筑业＋"成为建筑业企业转型的新路径，从而给建筑业企业带来新的机遇和挑战。

## 1.2 建筑业市场全球经济环境 》》

世界经济遭遇通货膨胀。俄乌冲突、疫情冲击和大国博弈等世界秩序中的动荡因素对全球通货膨胀起了推波助澜的作用，世界经济被通货膨胀所扰动，许多主要经济体在探索如何治理通货膨胀。据国际货币基金组织的估算，2022 年世界平均消费物价指数增长 8.80％，与 2021 年 4.69％ 的增长率相比，2022 年全球通货膨胀率有了大幅度提升，达到 21 世纪以来全球通货膨胀最高水平。美国全年平均消费物价指数增长率约为 8.10％，为 40 年来最高水平。欧元区全年平均消费物价指数增长率约为 8.29％，为 1992 年《欧洲联盟条约》签署以来的最高水平。所有发达经济体的平均消费物价指数增长率约为 7.20％。新兴市场和发展中经济体出现了更为严重的通货膨胀问题。其中，欧洲新兴经济体 2022 年全年平均消费物价指数增长率高达 27.80％，非洲、拉丁美洲和中东地区全年平均消费物价指数增长率均达到 14％ 左右，亚洲新兴经济体物价相对稳定，但全年平均消费物价指数增长率也达到了 4.10％，相比 2021 年 2.20％ 的增长率有显著提升。通货膨胀水平在世界各地普遍大幅上行。

中国加大宏观政策调节力度，扎实稳住经济。我国面对多重超预期因素的反复冲击，发展环境的复杂性、严峻性、不确定性上升。据国家统计局统计，我国经济总量继 2020 年、2021 年连续突破 100 万亿元、110 万亿元之后，又跃上新的台阶。GDP 突破 120 万亿元，同比增长 3％。《扩大内需战略规划纲要（2022—2035 年）》对外发布，内需规模继续扩大，中国经济呈现恢复向好的趋势。2022 年，就业总体稳定，全国城镇新增就业 1206

万人，超额完成了 1100 万人的预期目标；物价温和上涨，居民消费价格指数全年上涨 2％。在全球粮食和能源价格大幅上涨、输入型通胀压力较大的情况下，我国价格形势保持平稳，与欧美等主要经济体的高通货膨胀形成鲜明对比。

根据世界经济论坛的数据，建筑业在全球拥有超过 1 亿就业人数，占全球 GDP 的 6％。更具体地说，建筑业约占发达国家 GDP 的 5％，在发展中经济体中占 GDP 的 8％。预计在未来 20 年内将出现大量的基础设施需求，但只有在政府增大其在基础设施建设中所占 GDP 的比重时，这些需求才能得到解决。到 2040 年，全球基础设施投资每年估计为 3.7 万亿美元，与其他地区相比，美洲和非洲的基础设施投资缺口最大。

基础设施技术的快速进步以及对低碳环保建筑的需求不断增长是促进全球建筑市场增长的其他关键因素。预计推动建筑市场增长的另一个因素是改善发展中国家的经济状况，从而促进消费者可支配收入增加，并增加政府对公共基础设施的投资。根据 Emergen Research 发布的数据，2020 年全球建筑市场规模达到 12.6 万亿美元，预计未来年复合增长率为 7.4％，到 2027 年市场规模将超过 20.8 万亿美元。

总体而言，建筑业不仅对全球经济产生直接影响，而且与其他行业也有重要的联系，这意味着其对 GDP 和经济发展的影响远远超出了建筑活动的直接贡献。基础设施的完善促进了 GDP 的增长，而基础设施的可用性可以提高生产率并促进竞争与合作，欧盟成员国、亚洲国家和地区、美国建筑业均发展较好。

## 1.3　"十四五"时期建筑业发展目标　▶▶

"十四五"时期是新发展阶段的开局起步期，是实施城市更新行动、推进新型城镇化建设的机遇期，也是加快建筑业转型发展的关键期。一方面，建筑市场作为我国超大规模市场的重要组成部分，是构建新发展格局的重要阵地，在与先进制造业、新一代信息技术深度融合发展方面有着巨大的潜力和发展空间。另一方面，我国城市发展由大规模增量建设转为存量提质改造和增量结构调整并重，人民群众对住房的要求从有没有转向追求好不好，将为建筑业提供难得的转型发展机遇。建筑业迫切需要树立新发展思路，将扩大内需与转变发展方式有机结合起来，同步推进，从追求高速增长转向追求高质量发展，从"量"的扩张转向"质"的提升，走出一条内涵集约式发展新路。

以建设世界建造强国为目标，着力构建市场机制有效、质量安全可控、标准支撑有力、市场主体有活力的现代化建筑业发展体系。到 2035 年，建筑业发展质量和效益大幅提升，建筑工业化全面实现，建筑品质显著提升，企业创新能力大幅提升，高素质人才队伍全面建立，产业整体优势明显增强，"中国建造"核心竞争力世界领先，迈入智能建造世界强国行列，全面服务社会主义现代化强国建设。

对标 2035 年远景目标，初步形成建筑业高质量发展体系框架，建筑市场运行机制更加完善，营商环境和产业结构不断优化，建筑市场秩序明显改善，工程质量安全保障体系基本健全，建筑工业化、数字化、智能化水平大幅提升，建造方式绿色转型成效显著，加速建筑业由大向强转变，为形成强大国内市场、构建新发展格局提供有力支撑。

一是国民经济支柱产业地位更加稳固。高质量完成全社会固定资产投资建设任务，全国建筑业总产值年均增长率保持在合理区间，建筑业增加值占 GDP 的比重保持在 6% 左右。新一代信息技术与建筑业实现深度融合，催生一批新产品新业态新模式，壮大经济发展新引擎。

二是产业链现代化水平明显提高。智能建造与新型建筑工业化协同发展的政策体系和产业体系基本建立，装配式建筑占新建建筑的比例达到 30% 以上，打造一批建筑产业互联网平台，形成一批建筑机器人标志性产品，培育一批智能建造和装配式建筑产业基地。

三是绿色低碳生产方式初步形成。绿色建造政策、技术、实施体系初步建立，绿色建造方式加快推行，工程建设集约化水平不断提高，新建建筑施工现场建筑垃圾排放量控制在 300t/万 m² 以下，建筑废弃物处理和再利用的市场机制初步形成，建设一批绿色建造示范工程。

四是建筑市场体系更加完善。建筑法修订加快推进，法律法规体系更加完善。企业资质管理制度进一步完善，个人执业资格管理进一步强化，工程担保和信用管理制度不断健全，工程造价市场化机制初步形成。工程建设组织模式持续优化，工程总承包和全过程工程咨询广泛推行。符合建筑业特点的用工方式基本建立，建筑工人实现公司化、专业化管理，中级工以上建筑工人达 1000 万人以上。

五是工程质量安全水平稳步提升。建筑品质和使用功能不断提高，建筑施工安全生产形势持续稳定向好，重特大安全生产事故得到有效遏制。建设工程消防设计审查和验收平稳有序开展。城市轨道交通工程智慧化建设初具成效。工程抗震防灾能力稳步提升。质量安全技术创新和应用水平不断提高。

"十四五"时期初步形成建筑业高质量发展体系框架，建筑市场运行机制更加完善，营商环境和产业结构不断优化，建筑市场秩序明显改善，工程质量安全保障体系基本健全，建筑工业化、数字化、智能化水平大幅提升，建造方式绿色转型成效显著，加速建筑业由大向强转变。

（1）完善智能建造产业体系

以装配式建筑产业基地为载体，充分发挥本地装配式产业基地在技术和市场方面的差异化优势，引导支持企业围绕"装配式建筑产业链"等领域，推动建筑产业化向智能化发展，打造智能建造产研基地；支持骨干建筑业企业与省内工程装备工业企业开展课题合作，不断加大节能环保技术、工艺和装备的研发力度。河北省要引导本地骨干建筑业企业充分发挥资金、技术等方面优势，整合省内外优质资源，探索推广信息化、智能技术在工程建设领域的集成应用，推进河北省建筑业智能建造及建筑工业化标准体系逐步形成。形成涵盖科研、设计、生产加工、施工装配、运营等的智能建造产业体系。

（2）推广数字化协同设计

充分发挥河北省数字化改革先行优势，加快推进数字化技术应用、智能建造和智慧监管，提升质量安全整体智慧治理水平。推动存量社区先试先用城市信息模型平台（CIM）、智慧服务平台，全面推广未来社区服务模式，形成数字社会城市基本功能单元系统。全面推进社会事业数字化，持续推动公共场所服务水平大提升。深入实施数字生活新服务行动，打造数字生活新服务强省。

（3）大力发展装配式建筑

加快推行以机械化为基础、装配式施工和装修为主要形式、信息化手段为支撑的新型建筑工业化。完善设计、生产、施工、评价和监督管理体系，实现标准化设计、集成化生产、机械化施工，稳步提高装配式混凝土结构、装配式钢结构、装配式木结构集成化水平。大力发展钢结构装配式建筑，积极稳妥推进钢结构装配式住宅试点，鼓励培育钢结构龙头企业，推动钢结构建筑全产业链发展。

（4）建筑产业互联网平台

搭建建筑产业互联网平台，推动工业互联网平台在建筑领域的融合应用，促进大数据技术在工程项目管理、招标投标环节和信用体系建设中的应用。在互联网技术支持下，联合云服务、通信技术等现代化技术，构建互联网平台，对上下游企业进行优化整合，加深合作深度，改变以往分散、孤立的发展模式，形成群体互助、积极参与的动态互联网平台，从而实现拉动式生产，以便优化资源分配，提高资源利用率，进行协同化的技术管理，最大限度减少运营成本。

（5）加快建筑机器人研发和应用

探索具备人机协调、自然交互、自主学习功能的建筑机器人批量应用。根据建筑业的特性研发专用建筑机器人，例如，3D打印建筑机器人的突出代表"轮廓工艺"技术，针对房屋施工的各种特殊需求，进行了有效的针对性设计，最终才成就了该系统直接打印包括水电管线在内的完整房屋的能力。喷浆机器人、混凝土回收机器人［ERO（Erosion）］等，均是针对建筑业的特殊需要定制研发的。利用机器人进行模块的预制、组装，可有效提高新建筑的营建速度。

（6）推广绿色建造方式

加快推进绿色建筑创建行动，实行工程建设项目全寿命周期内的绿色建造。推进绿色建筑与建材协同发展，完善绿色建材产品标准和认证评价体系，装配式建筑率先采用绿色建材。推广可再生能源建筑一体化应用，提高可再生能源在建筑领域的消费比重。推行绿色建造方式，推动建立建筑业绿色供应链，建立绿色建筑统一标识制度。助力实现碳达峰、碳中和目标，编制实施建筑领域二氧化碳排放达峰专项行动方案，鼓励有条件的地区在建筑业领域率先实现碳达峰。

## 1.4　建筑业高质量发展的趋势和要素　≫

建筑业的高质量发展是行业的发展方式、产业结构持续从高消耗、低产出的粗放型发展，向更高级的可持续发展转变的过程，是衡量建筑业所具有的产品和服务等在发展过程中满足使用、经济、环境、资源等可持续发展需要程度的重要体现。此阶段，不再以单一的建筑业规模和总量作为衡量标准，而要把评判的重心落在"规模数量与效益质量、增长速度与产出效率"的相对关系上。以过度资源投入来实现大规模、快增长，忽视和投入水平相匹配的产出效率与效益的发展，都是不符合高质量发展要求的。

作为国民经济发展的支柱产业，建筑业的发展质量关系到我国经济、社会、生态发展的各个方面，其高质量发展趋势主要体现在以下几个方面。

（1）深入发展新型建筑工业化，推动建筑业转型升级

2021年10月11日，河北省住房和城乡建设厅等九部门联合印发《关于加快新型建筑

工业化发展的实施意见》，提出加快新型建筑工业化发展的重点任务，包括加强系统化集成设计（促进多专业协同、推进标准化设计、推动全产业链协同）、优化部品部件生产（推动部品部件标准化、促进产能供需平衡）、推广精益化施工（推进装配式建筑发展、优化施工工艺工法）、提高工程项目品质（推进绿色建筑高质量发展、大力发展被动式超低能耗建筑）、加快信息技术融合发展［大力推广建筑信息模型（Building Information Model，BIM）技术、加快应用大数据和物联网技术］、强化科技支撑（加快科技创新平台建设、推动发展智能建造技术）、加快专业人才培育（完善制度建设、培育专业人才）。2021 年11 月 1 日，河北省住房和城乡建设厅印发的《河北省新型建筑工业化"十四五"规划》指出，要以新一代信息技术驱动为动力，以系统化集成设计、精益化生产施工为手段，以提高工程质量安全、效益和品质为目标，创新突破相关核心技术，形成涵盖科研设计、生产加工、施工装配、运营等的新型建筑工业化产业体系。

（2）基础设施建设领域发展空间巨大

2022 年 9 月 30 日，河北省住房和城乡建设厅联合河北省发展和改革委员会印发的《"十四五"河北省城市基础设施建设实施方案》明确指出，围绕系统化、绿色化、智慧化、品质化、低碳化，积极推进城市基础设施建设，全面提高城市基础设施运行效率，推进城市基础设施高质量发展。河北省全域推进海绵城市建设。城市新区以目标为导向，合理选用"渗、滞、蓄、净、用、排"等措施，把海绵城市建设理念落实到城市规划建设管理全过程。老城区以问题为导向，结合城市更新、河湖生态治理、老旧小区改造等，统筹实施源头减排和系统治理，提高可渗透面积比例，源头削减雨水径流。"十四五"时期末，城市建成区 50％以上面积达到海绵城市建设要求，可渗透面积比例达到 40％以上。唐山、秦皇岛等城市系统化全域推进海绵城市建设取得示范成效。

（3）装配式是"十四五"时期建筑业发展的重要趋势

"十四五"期间装配式建筑发展空间巨大，政策补贴驱动装配式渗透率强制要求，叠加装配式建筑自身优势。环境亲和，人工率低，使得装配式建筑在"十四五"期间将有巨大成长空间，同时钢结构装配式建筑将成为未来发展的趋势。2021 年 10 月 11 日，河北省住房和城乡建设厅等九部门联合发布《关于加快新型建筑工业化发展的实施意见》，明确提出到 2025 年，装配式建筑占新建建筑面积比例达到 30％以上，被动式超低能耗建筑累计建设 1340 万 $m^2$ 以上。贯彻落实河北省人民政府办公厅《关于大力发展装配式建筑的实施意见》，严格执行技术标准和评价标准，加大装配式建筑推广力度。在保障性住房和商品住宅中积极推广装配式混凝土结构，鼓励医院、学校等公共建筑优先采用钢结构，政府投资的单体建筑面积超过 2 万 $m^2$ 的新建公共建筑率先采用钢结构，积极推动钢结构装配式住宅建设，因地制宜推动钢结构装配式农房建设。

（4）BIM 技术提升全产业链管理效率

"十四五"期间，建筑信息化迎来重大发展契机。装配式建筑使得建造流程发生变化，构件的转移生产引起数据的刚性需求，BIM 技术的重要作用凸显。装配式属于建筑工业化的实现方式，而工业化的实现离不开信息化的赋能，在推行装配式的同时，国家也在推进建筑信息化、数字化和智能化与装配式的协调发展。同时，建筑信息化的实现，是智慧城市的实现基础。可以预见，建筑信息化与装配式建筑互相依托、互相促进，在"十四五"期间将迎来重大进展。

（5）加快绿色低碳转型发展

近年来，面对气候变化这个全球性问题，世界各国以全球协约的方式减排温室气体，我国宣布了"二氧化碳排放力争于 2030 年前达到峰值，努力争取 2060 年前实现碳中和"等庄严的目标承诺。同时，2021 年发布的《中华人民共和国国民经济和社会发展第十四个五年规划和 2035 年远景目标纲要》《河北省国民经济和社会发展第十四个五年规划和二〇三五年远景目标纲要》中，都将"双碳"目标列入其中。建筑领域的能源消耗及其碳排放是全国碳排放的重要构成部分。《中国建筑能耗研究报告（2021）》显示，我国 2019 年建筑全过程能耗占全国能源消费总量的比例达到 45.8%、碳排放占全国碳排放的比重达到 50.6%。由此可见，建筑领域的节能减排是助力实现碳达峰、碳中和链条中非常重要的一环，推动传统建筑业转型刻不容缓。

政府要做好顶层设计，加大对新型建造方式的政策扶持，完善发展新型建造方式的产业政策，构建、完善配套政策和管理流程，创造有利的政策和市场环境。要构建多层次、协同化、立体化的政策体系，系统性发挥供给型、环境型、需求型政策工具的耦合作用，为智能建造和运维技术的研发和落地应用提供多种类型的政策支持。

行业企业要同心协力，共同推动智能建造发展。企业应为新技术的研发和管理流程的改进提供需求，探索新型施工组织方式、流程和管理模式，开发多层次、集成化的协同施工管理平台，构建建筑产业互联网，变革建筑产业的业务模式，进而重塑建筑产业生态和商业模式。

在技术研发方面，要以多学科融合、多思维模型综合为理论出发点，融合技术体系与应用体系，结合工程实际需求开展技术研发。加强对人工智能、数字孪生等理论和技术的研究与投入，集成工程建设各专业知识，打通设计、施工、运维三个阶段的信息流。

在标准建设方面，应开展智能建造和运维标准体系研究，明确内容和架构。建立相关的数据格式、软件接口、通信协议等基础技术标准。推行标准化的管理模式，构建数字化条件下的工程施工管理新标准。

在人才培养方面，要加快智能建造专业相关配套制度及设施的建立和完善，畅通智能建造人才发展和深造路径。加强产学研合作，充分发挥高校和企业优势，为人才培养和技术研发提供有利条件。对已有的工程建设人才进行继续教育，让数字化赋能人才发展，将传统工程建设人才培养为专家型智能建设人才。

绿色发展是贯彻中央新发展理念的必然要求，也是落实"双碳"目标的重要举措。在建设领域要积极推广应用绿色建材、绿色施工技术、绿色建筑产品等。从建材的生产、建筑施工的全过程到建筑物的使用全寿命周期各环节均采用节能减排标准，形成绿色建筑生态系统，用绿色生产方式生产绿色建筑产品。同时，大力推动设计施工一体化的 EPC（Engineering，Procurement，Construction）总承包模式，提升行业节能减排效率。

# 2 建筑业绿色化现状

## 2.1 建筑业绿色发展背景

随着全球气候变化的加剧和极端天气的频发，气候变化已从一个科学问题演变成一个涉及国际政治、经济、社会、技术和环境生态的综合问题。面对气候变化的巨大挑战，世界各国都在探索应对全球气候变化、资源短缺、生态恶化的办法，并提出绿色低碳发展理念，倡导低碳行动，推广循环经济。各行各业都需要进行迅速而深远的变革，在建筑领域则大力推广低碳绿色建筑和绿色环保施工建筑等。作为经济发展支柱之一的建筑业，一直是碳排放的重要来源。根据联合国政府间气候变化专门委员会（Intergovernmental Panel on Climate Change，IPCC）第六次评估报告，建筑业二氧化碳排放量占全球二氧化碳排放量的31％。作为典型的资源密集型行业，建筑业在高能耗、高污染、低能效生产模式的表象下不断发展壮大。

在当今社会，环境保护和可持续发展已成为全球关注的焦点。建筑业作为一个能源消耗大、对环境影响深远的行业，其绿色化发展势在必行。2011—2016 年，中国每年新增建筑面积超过 30 亿 $m^2$。到 2019 年年底，中国城镇人均住房建筑面积增加到 $39m^2$，建成了世界上覆盖面最广的住房保障体系。根据《2023 中国建筑与城市基础设施碳排放研究报告》，2021 年全国房屋建筑全过程（含基础设施建造）碳排放总量为 50.1 亿 t $CO_2$，占全国能源相关碳排放的比重为 47.1％，是碳排放大户[1]。随着城镇化进程的推进和产业结构的深刻调整，我国城乡居民的消费结构正逐步从"衣食"向"住行"升级，生活正从生存型向舒适型转变，对建筑面积、室内环境舒适度和各种家用电器的服务水平提出了越来越高的要求。城乡建设领域消耗一次能源和二次能源产生的碳排放量将持续增长，我国建筑领域的碳排放量在未来 10 年内仍会有所攀升。这表明未来一段时间内，中国仍将处于 $CO_2$ 排放上升期，而建筑业是决定中国碳达峰、碳中和成败的关键领域，通过继续改进建筑节能标准、减少碳排放和提高可再生能源利用率，将能够为中国实现碳达峰和碳中和目标做出积极贡献。

鉴于这一背景，中国提出了到 2020 年单位 GDP $CO_2$ 排放比 2005 年下降 40％～45％，以及我国要力争在 2030 年前实现碳达峰，努力争取 2060 年前达到碳中和的目标[2]，强调要走生态优先、绿色发展的道路，多次阐明中国关于绿色发展的主张，旗帜鲜明地提出建设绿色家园是人类共同的梦想。党的二十大报告还特别强调，实现全面建设社会主义现代化国家的内在要求，自然是人类生存和发展的基本条件，必须尊重自然，顺应自然，保护自然。以人与自然和谐共生为基石，做好发展规划，我们必须坚信和践行绿水青山就是金山银山的理念。共同致力于绿色低碳的长远发展、科学发展的理念和发展方式，与创新发展、协调发展、开放发展、共享发展相结合。同时，随着"双碳"目标的提出，碳达峰、碳中和也已经成为国家层面的顶层设计。为此，国家制定了一系列绿色建筑产业政策，支持城乡建设领域减排目标的实现。

随着"双碳"目标的提出，碳达峰、碳中和已成为我国生态文明建设总体布局的重要组成部分，并被纳入国家层面的顶层设计。为了响应碳达峰、碳中和决策部署，国家制定了一系列绿色建筑产业政策，以支持城乡建设领域减排目标的实现。国务院于2021年10月发布了《关于印发2030年前碳达峰行动方案的通知》，其中提出了加快推进新型建筑工业化、大力发展装配式建筑、推广钢结构住宅、推动建材循环利用、强化绿色设计和绿色施工管理等措施。同时，住房和城乡建设部于2022年3月22日发布的《"十四五"建筑节能与绿色建筑发展规划》中明确提出到2025年城镇新建建筑将全面达到绿色建筑标准，既有建筑节能改造面积将超过3.5亿$m^2$，建成能耗超低、能耗近零的建筑面积将超过0.5亿$m^2$，而装配式建筑在城镇新建建筑中的比重将达到30％以上。这些政策举措将为我国建筑业绿色化发展指明方向，促进建筑业向高质量、绿色、可持续发展迈进。

## 2.2 建筑业节能减排政策

世界能源及环境危机已迫使各国在各个领域探索和寻求提高能源效率，减少环境污染的解决方法和途径。建筑业及相关产业的能耗占社会总能耗的比重较大，对环境的影响也较大，其节能减排潜力巨大，目前世界许多国家都采取了一些积极的建筑节能和减排的政策和措施。这里主要介绍中国、美国、英国、德国、日本等国家在建筑节能和减排中采取的主要措施，比如贷款贴息、加速折旧、税收优惠、财政补贴等。以下是这些国家在建筑业方面实施的节能减排政策的摘要。

### 2.2.1 中国

2022年1月19日，住房和城乡建设部印发《"十四五"建筑业发展规划》，提出发展目标："十四五"时期建筑业增加值占GDP的比重保持在6％左右；智能建造与新型建筑工业化协同发展的政策体系和产业体系基本建立，装配式建筑占新建建筑的比例达到30％以上；绿色建造方式加快推行。

2022年3月1日，住房和城乡建设部印发《"十四五"建筑节能与绿色建筑发展规划》，要求提高新建建筑节能水平。引导京津冀、长三角等重点区域制定更高水平节能标准，开展超低能耗建筑规模化建设，推动零碳建筑、零碳社区建设试点。在其他地区开展超低能耗建筑、近零能耗建筑、零碳建筑建设示范。推动农房和农村公共建筑执行有关标准，推广适宜节能技术，建成一批超低能耗农房试点示范项目，提升农村建筑能源利用效率，改善室内热舒适环境。

2022年3月11日，住房和城乡建设部发布《"十四五"住房和城乡建设科技发展规划》，提出研究零碳建筑、零碳社区技术体系及关键技术，开展高效自然通风、混合通风、自然采光、智能可调节围护结构关键技术与控制方法研究，研究零碳建筑环境与能耗后评估技术，开发零碳社区及城市能源系统优化分析工具。

2021年9月8日，住房和城乡建设部发布的国家标准《建筑节能与可再生能源利用通用规范》（GB 55015—2021）自2022年4月1日起实施。该标准要求新建居住建筑和公共建筑平均设计能耗水平进一步降低，在2016年执行的节能设计标准基础上降低30%和20%。其中严寒和寒冷地区居住建筑平均节能率应为75%，其他气候区平均节能率应为65%；公共建筑平均节能率为72%。同时该标准要求建筑碳排放计算作为强制要求，也就是说设计院在开展新建项目设计时就要提供建筑的碳排放计算报告书，这为人们尽快了解建筑碳排放水平建立了基础。

2022年5月13日，中国银行保险监督管理委员会印发《关于银行业保险业支持城市建设和治理的指导意见》，要求有序推进碳达峰、碳中和工作，推动城市绿色低碳循环发展。鼓励银行保险机构加大力度支持城市发展节能、清洁能源、绿色交通、绿色商场、绿色建筑、超低能耗建筑、近零能耗建筑、零碳建筑、装配式建筑以及既有建筑绿色化改造、绿色建造示范工程、废旧物资循环利用体系建设等领域，大力支持气候韧性城市建设和气候投融资试点。

2022年11月2日，工业和信息化部、国家发展和改革委员会、生态环境部、住房和城乡建设部四部门联合发布《建材行业碳达峰实施方案》，给出的目标是2030年前建材行业实现碳达峰，鼓励有条件的行业率先达峰。同时，提出了"十四五""十五五"两个阶段的主要目标。"十四五"期间，水泥、玻璃、陶瓷等重点产品单位能耗、碳排放强度不断下降，水泥熟料单位产品综合能耗降低3%以上。"十五五"期间，建材行业绿色低碳关键技术产业化实现重大突破，原燃料替代水平大幅提高，基本建立绿色低碳循环发展的产业体系。《建材行业碳达峰实施方案》的4项保障措施"加强统筹协调、加大政策支持、健全标准计量体系、营造良好环境"，要求健全标准计量体系，充分发挥计量、标准、认证、检验检测等质量基础设施对行业碳达峰工作的支撑作用，完善碳排放核算、计量体系，制修订碳排放、能耗限额标准，推进新技术、新工艺、新装备的标准制定，推动绿色用能评价体系，形成碳减排技术指南，有效指导企业实施碳减排行动。

### 2.2.2 美国

自20世纪70年代起，美国多次出台能源与减排相关法案，逐渐形成完整的碳减排政策体系。奥巴马政府期间，美国高度重视低碳发展，颁布了"应对气候变化国家行动计划"，明确了减排的优先领域，推动政策体系不断完备。比如，2009年通过《美国清洁能源与安全法案》，对提高能源效率进行规划，确定了温室气体减排途径，建立了碳交易市场机制，提出了发展可再生能源、清洁电动汽车和智能电网的方案等，成为一段时期内美国碳减排的核心政策。2014年推出"清洁电力计划"，确立2030年之前将发电厂的$CO_2$排放量在2005年水平上削减至少30%的目标，这是美国首次对现有和新建燃煤电厂的碳排放进行限制。一系列应对气候变化的顶层设计，引领了美国碳达峰后的快速去峰过程。

美国充分利用市场机制，促进核电、太阳能、风能、生物质能和地热能等可再生能源发展和技术进步，推动能源结构不断调整优化。截至2023年，美国国内能源消费比重按从大到小排序依次是石油、天然气、煤炭、核能以及可再生能源。2005—2017年，美国煤炭和石油消耗比例持续下降，天然气消耗比例持续上升，在美国清洁能源转型过程中发挥了中心作用。美国联邦政府出台包括生产税抵免在内的一系列财税支持政策，各州政府则实施了以配额制为主的可再生能源支持政策，促进可再生能源发展。比如，美国风力发电量从2017年的25万GW·h增加至2023年的超42万GW·h，占整个发电量的份额从6.9%增加至10.2%；核电目前占美国总发电量的20%，美国已成为世界上核电装机容量最多的国家；加利福尼亚州实施"百万太阳能屋顶计划"，太阳能发电占全国太阳能发电总增长量的43%。

美国多以财政政策、税收政策和信贷政策为主，依靠市场机制促进衰退产业中的物质资本向新兴产业转移，最后达到改善产业结构的目的。在政策和市场的引导下，美国钢铁工业、冶金工业、铝行业等重点行业的能源消耗呈持续下降趋势。与此同时，能耗较低的第三产业得以快速发展，进一步推动美国将其劳动力密集型制造业转移至发展中国家，显著降低能源消耗与碳排放。产业结构的调整优化，促使美国温室气体排放与经济发展呈现相对脱钩趋势。1990—2013年，美国GDP增长75%，人口增长26%，能源消费增长15%，而碳排放量只增长了6%。

长期以来，美国低碳技术发展迅速。1972年，美国就开始研究整体煤气化联合循环（Integrated Gasification Combined Cycle，IGCC）技术，配合燃烧前碳捕集技术，目前美国已基本实现清洁煤发电。碳捕捉和封存技术（Carbon Capture，Utilization and Storage，CCUS）是美国气候变化技术项目战略计划框架下的优先领域，全球51个$CO_2$年捕获能力在40万t以上的大规模CCUS项目中有10个在美国。美国低碳城市建设采取的行动包括节能项目、街道植树项目、高效道路照明、填埋气回收利用、新能源汽车以及固体废物回收利用等，对碳减排起到了良好促进作用。

各州采取低碳发展地区行动。美国各州的政策自主权较大、自由度较高，碳减排主要依靠内生动力。以加利福尼亚州为代表的地方行动为美国低碳发展注入活力。2006年加利福尼亚州通过了《加利福尼亚州应对全球变暖法案》（AB32法案），要求2020年的温室气体排放量降低到1990年的水平。之后，加利福尼亚州实施了一系列环保项目，包括"总量限制与交易"计划、低碳燃油标准、可再生电力强制措施和低排放汽车激励措施等，带动其他州纷纷采取措施，逐步形成碳减排合力。

联邦能源管理计划。美国联邦政府通过各种能源管理计划，如能源之星建筑计划（Energy Star）等，鼓励建筑业采用能源效率高的设备和技术，减少能源浪费和碳排放。

### 2.2.3 英国

英国高度重视与碳中和相关的法律政策的制定，形成了完善的制度体系，为实施碳中和战略提供了有力的制度保障。2002年，出台的《可再生能源义务法令》，明确要求电力供应商提供一定比例的可再生能源，对于电力系统的低碳转型起到积极促进作用。2008年，出台了全球首部应对气候变化的专门立法《气候变化法案》，对碳减排目标和预算体系、气候变化委员会、碳排放交易、气候变化影响和适应等进行了规定，为应对气候变化提供了必要的法律保障。2009年，发布《英国低碳转型计划》，同时配套出台了《英国低碳工业战略》《可再生能源战略》《低碳交通计划》，形成了向低碳社会转型的制度框架。2010年，出台的《国家可再生能源行动计划》，为实现2020年15%的可再生能源消费目标，制定了具体的发展路线和实施措施。2019年，生效的《气候变化法案（2050年目标修正案)》，把此前 2050 年碳排放量在 1990 年的水平上至少降低 80％的目标修改为降低 100％，由此英国成为全球第一个以法律形式明确净零排放的国家。2020 年，英国出台《绿色工业革命战略》，提出海上风能、氢能、核能、电动汽车、公共交通等方面的 10 项计划，旨在 2050 年以前消除导致气候变化的相关因素。此外，还出台了《应对气候变化税收法》《气候变化和可持续能源法案》《循环经济一揽子计划》等法律政策。

英国使用了能效标准、能效标签、节能认证、碳排放标签、煤炭和燃油车禁令等行政管制方式，去规范企业的用能和碳排放行为。在煤炭退出方面，英国明确从 2024 年 10 月开始不再使用煤炭发电；在燃油车退出方面，英国于 2017 年提出 2040 年起禁售燃油车，2020 年将燃油车禁售时间提前至 2035 年，同年 11 月又把禁售时间提前至 2030 年，并提出 2035 年禁售混合动力汽车。

英国大量使用市场手段，去引导企业碳减排，建立碳排放交易。2005 年，英国加入欧盟碳排放交易体系。英国脱欧后，2020 年推出了英国自己的碳排放交易体系。为保持政策的连续性，英国以欧盟碳排放交易体系为蓝本进行设计，但也有一些调整，其中最大的变化是：设定最低 22 英镑/吨的拍卖底价，随后逐年上调，到 2030 年将增至 70 英镑/吨，期间如果价格上涨过快，政府可以通过成本控制机制释放碳排放配额，增加许可证供应量，以确保碳交易市场平稳运行。2021 年 5 月，英国启动全国碳交易市场，当日 14 个竞标者总计购买了超过 600 万个碳配额，成交均价为 43.99 英镑/吨。

通过市场管制，可以形成基于市场的正向激励，深度挖掘企业的节能减碳潜力，建设绿色投资银行。2010 年，英国在制定财政预算时，提出建立一家政府出资、市场运营的绿色投资银行，用于支持那些符合英国政府环境保护和可持续发展要求的项目。2012 年 10 月，欧盟委员会按照"国家援助"规定批准设立绿色投资银行，2013 年英国政府出资 38 亿英镑启动银行运营。绿色投资银行优先支持海上风电、垃圾和生物质发电、能效提升等项目。截至 2016 年，按照项目类型划分，海上风电、垃圾和生物质发电、能源提升、陆地风电项目占比分别为 60％、23％、11％和 6％；按金融产品种类划分，不加杠杆的股权融资、加杠杆的股权融资、债权融资、基金管理、账户管理的占比分别为 43％、7％、19％、27％和 4％。绿色投资银行共支持了约 100 个项目，撬动社会资金的杠杆率为 1∶3，2014 财年、2015 财年和 2016 财年的预期回报率分别为 8％、9％和 10％，2017 财年盈利约 2700 万英镑。为拓宽融资渠道，2016 年英国启动私有化工作，2017 年 8 月，澳大利亚麦格理集团收购绿色投资银行，并更名为绿色投资集团。

## 2.2.4 德国

德国从 2009 年的《建筑节能条例》开始引入基准建筑能耗计算方法，使建筑能耗计算更加科学准确。值得注意的是，德国相关法律规定的建筑外围护结构的传热系数（$U$）在 2009 年就达到了一个较高的标准，如建筑外墙 $U \leqslant 0.28 W/(m^2 \cdot K)$、外窗 $U \leqslant 1.3 W/(m^2 \cdot K)$，外窗玻璃 $U \leqslant 1.1 W/(m^2 \cdot K)$，在此之后并没有明显提高，但对建筑整体能耗指标的要求进一步严格。因此，2009 年之后德国建筑业节能不是通过进一步强制降低建筑外围护结构的传热系数实现，而是要求建筑整体能耗水平降低，需要设计单位通过优化设计和技术措施（灵活采用包括更好的外围护结构和设备体系以及扩大可再生能源的利用）才能达到标准所要求的能耗水平[3]。

德国的建筑节能起步较早，近零能耗建筑是建筑节能发展到较高阶段的产物。德国最早提出的近零能耗建筑相关法规是 2013 年的《节约能源法》。2010 年 7 月 8 日欧盟《建筑能效 2010 指令》正式生效，德国的专家参与了该欧盟指令的编制工作。该指令要求欧盟各成员国 2018 年 12 月 31 日以后由政府拥有或使用的新建建筑达到近零能耗建筑水平，2020 年 12 月 31 日以后各成员国所有新建建筑达到近零能耗建筑水平。指令同时要求欧盟各成员国在 2012 年 7 月 9 日之前编制本国相关法规，细化该指令的实施。为落实欧盟《建筑能效 2010 指令》的要求，德国 2013 年实施了《节约能源法》，该法要求 2019 年 1 月 1 日起德国政府拥有或使用的新建建筑达到近零能耗建筑水平，2021 年 1 月 1 日起所有新建建筑达到近零能耗建筑水平。德国 2014 年 5 月生效实施的《节能条例》对于进一步提高建筑能效提出了具体实施细则，为迈向近零能耗建筑提供了技术基础和路径。2019 年 10 月德国政府联邦内阁通过了《建筑能源法》（2020 年），之后该法案将提交议会审议，预计 2020 年正式生效。该法将现有的《建筑节能条例》《节约能源法》《促进可再生能源供暖法》整合在一起，成为德国实施近零能耗建筑标准更简单明确的法律框架。通过《建筑能源法》的实施，德国政府希望提高建筑业的能源效率，促进能源转型和气候保护，以及经济、环境和社会三方面的和谐发展[4]。

《建筑能源法》进一步强化建筑能源证书的管理，发挥其在节能工作中的作用，完善配套政策和措施、加强能源设备运维检测的要求。具体包括：细化建筑能源证书中对既有建筑节能改造的诊断和优化实施措施的要求；细化能源证书的公示要求，500m² 以上的公共建筑以及 250m² 以上的政府建筑必须在建筑公共部分显著位置公示该建筑的能源证书；要求房地产广告、销售和出租过程中必须提供单位建筑面积一次性能源能耗指标的实测或计算值；建立建筑空调系统能效检测报告抽检制度。

德国政府对高于法定节能要求且达到德国复兴信贷银行（KFW）建筑节能标准的新建建筑项目、既有建筑改造项目提供政策支持，主要形式包括减免税款、提供低息贷款、减免利息等。经济激励措施面向全社会，公开透明，任何人都可以申请，满足条件的都可获得资助，有力地推动了既有建筑节能改造，促进了业主建造高于法定节能标准要求的节能建筑。

德国制定政策促进和鼓励既有建筑进行节能改造，并将此作为降低建筑业碳排放的主要领域。制定明确可执行的法规标准和激励政策，促进既有建筑节能改造的推进实施。德国明确规定既有建筑进行"较大工程改造"时须执行新标准。对既有建筑进行"较大工程改造"的定义为：当对既有建筑外围护结构面积超过 25％以上进行改造时，或当改造工程（包括外围护结构、暖通、照明、热水设备等同节能有关的各项工程）造价超过建筑本身总造价（不含土地成本）25％以上的既有建筑进行改造时，必须满足《建筑节能法》的要求。改造后的外围护结构传热系数必须满足《建筑节能法》的要求。既有建筑改造之后，其整体能耗超过同等新建建筑最高允许能耗在 40％以下，即可认为达到《建筑节能法》要求。如果对既有建筑进行改造有加建部分，且加建建筑体积超过 30m³，则加建部分必须满足《建筑节能法》对新建建筑的节能要求。

德国建筑行业技术创新与推广主要依靠市场机制，政府制定法律和市场规则，仅对重要领域研发项目提供一定支持。通过公平竞争，有市场生命力的新技术得到应用。建筑产品通过工业化生产和工厂预制能够有效提高产品质量和降低成本，因而得到越来越多的应用。

技术创新和研发支持：德国支持建筑技术创新和研发，推动绿色建筑技术的发展和应用，例如高效节能窗户、热泵系统和智能建筑控制系统等。

### 2.2.5 日本

日本减碳政策以创新新能源、调整能源结构为主，利用政策引导加市场化机制推动企业进行技术创新，从而持续发展绿色产业，全方位地推进碳减排工作。在《2050 年碳中和绿色增长战略》的引导下，日本着重推动 14 个领域的绿色产业发展。为此，日本运用税收、补贴等手段调动市场机制引导企业保持绿色技术创新，2010—2016 年，日本企业的绿色技术发明数量占日本整体的 97%，发挥了企业作为市场主体的作用，利用企业创新获取核心技术、推动绿色产业发展，以此维护日本在各领域的优势地位[5]。

日本在早期减碳政策制定中就有意识地明确各社会主体职责，调动全社会积极性，以社会力量共同应对全球气候变暖。在各级政府层面，日本积极推动低碳城市建设。城市是人类社会生产生活的中心，会产生大量的碳排放，也是低碳发展政策的推动执行层面[6]，因此低碳城市建设是应对气候变化的重要突破口。日本由中央政府设定法规、提供信息咨询与指导，推出环境示范城市和环境未来城市项目，对每个城市进行绿色低碳发展规划，从能源清洁、低碳交通、低碳建筑、低碳生活、低碳产业等方面推进低碳城市的建设，日本还利用市场化机制引导政府、高校、企业等多方面合作，为低碳城市发展注入内生动力。在各级政府层面，《低碳城市法》等法规要求日本各地方政府从能源角度入手，推动交通、建筑、工业节能减排，并逐步培育地方绿色产业，还要求调整城市结构、增加城市碳汇，从多方面入手推动城市低碳发展[3]。

在企业层面，日本主要采取了碳排放限额、环境税（其中包括全球气候变暖对策税）、财政补贴等手段推动企业自愿采取碳减排措施，逐步扭转企业发展观念，从而实现企业低碳发展。例如，2012 年推出了全球气候变暖对策税，渐进式提高税率以推动企业逐渐重视碳减排，2017 年日本对中小企业补贴了 10 亿日元以帮助其进行能源管理。此外，日本还确立了阶段性的碳排放交易体系，如自愿排放交易计划（JVETS）、核证减排计划（JVER）、日本实验综合排放交易体系（JEIETS），以及东京排放交易体系等地方政府自发组织的碳排放交易体系，利用市场机制推动企业自愿参与减排活动[4]。在个人层面，日本政府出台了《增进环保热情及推进环境教育法》，从法律层面上推动民众形成环保理念，同时通过划定居民减排职责、制定财政补贴政策等手段使居民形成低碳生活模式，如居民购买清洁能源汽车享受税收减免与补贴[4]，促进居民出行绿色化。

自 2018 年推出第五期《能源基本计划》以来，日本持续投入研发经费至新能源开发利用中。之后《革新环境技术创新战略》又推动了绿色技术的发展与应用，提出了 39 项重点绿色技术，包括可再生能源、氢能、核能、碳捕集利用和封存、储能、智能电网等绿色技术，部署建筑物智慧能源管理系统，建造零排放住宅和商业建筑[7]。开发先进节能的建材，加快下一代光伏电池技术、温控换气等新材料技术在建筑物内的应用[8]。计划投入30 万亿日元以促进绿色技术的快速发展。2020 年 12 月，日本颁布了《2050 年碳中和绿色增长战略》，提出了推动日本实现碳中和的产业分布图，并要求通过财政扶持、税收、金融支持等方式引导企业创新，推动绿色产业发展。

"他山之石，可以攻玉。"虽然中国与其他国家的国情存在差异，但其他国家的一些做法仍然值得关注和借鉴。

一是加强顶层设计，不断健全完善法规政策体系。根据国家"十四五"规划要求，明确温室气体减排关键领域，加快研究低碳发展整体战略，统筹制定我国碳达峰及碳中和的总体路线图。推动在 2030 年前将 $CO_2$ 排放管控立法，并严格实施温室气体减排控排目标责任制。

二是优化能源结构，提高清洁能源比重。大力开展能源革命，积极进行能源行业供给侧结构性改革，努力构建清洁低碳安全高效的能源体系。继续减少煤炭消费，合理发展天然气，安全发展核电，大力发展可再生能源，积极生产和利用氢能。提高各经济部门的电气化水平，加强能源系统与信息技术的结合，实现能源体系智能化、数字化转型。进一步建立和完善相应的财税、金融、产业、项目管理等政策，完善能源市场，积极推进绿色"一带一路"建设，引导海内外项目和投资进入绿色低碳领域。

三是优化产业结构，降低重点行业能源消耗。进一步优化产业结构，深入推进战略性新兴产业，不断提高各产业的能源利用效率，降低重点行业能源消耗。拓展清洁用能，激励节约用能，限制过度用能，淘汰落后用能。工业领域加快实施天然气代煤、电代煤，交通和建筑领域逐步实现低碳转型。推动制造业和服务业融合发展，推动现代服务业和传统服务业相互促进，加快服务业创新发展和新动能培育。摆脱各产业对化石能源的依赖，普及低碳生活方式和消费方式，追求经济发展与碳排放脱钩。

四是构建完整的低碳技术体系，促进低碳技术研发和示范应用。分行业梳理低碳技术，重点在电力行业及工业领域，充分利用电气化、氢能、生物质能源等配合 CCUS 技术逐步实现电力行业以及钢铁、水泥等工业领域的脱碳。在能源供应方面，深入研究推动天然气以及多种可再生能源的发展与应用，满足新增能源需求。对于基本成熟的技术，如超临界技术，要推进其商业化成熟应用。对于目前正在做示范、成熟度尚未达到商业运用程度的技术，如电动车、混合动力汽车、大容量风机等，进一步推广示范，争取尽早趋于成熟而商业化。对于光伏电池、第四代核电站等技术，要争取尽快攻关突破、研发成熟，尽早开展大规模示范应用。

五是鼓励地方因地制宜，探索低碳发展路径。地方政府在节能机构建设、节能压力传递机制的建立、资源配置低碳导向的形成、低碳发展中地方政府创新等方面发挥更大主导作用。鼓励地方立足自身实际，以低碳经济发展原则为指导，以低碳先进城市经验为借鉴，以促进经济社会良性发展为目标，将应对气候变化工作全面纳入本地区社会经济发展规划。积极探索低碳绿色发展模式，大力推进低碳省区和低碳城市试点建设工作，破除以经济绩效为考核标准的政治激励体制，走当地特色的可持续发展之路。

六是出台金融财税监管等政策支持低碳发展，构建全社会有效参与的治理机制。中国"双碳"发展目标涉及经济社会和工业发展各方面，政府要在推动低碳发展中发挥引领作用，在战略、规划、法规、标准、激励等方面出台相关政策，支持企事业单位、民间组织、社会公众积极参与，构建全社会有效参与低碳化发展的长效治理机制。借鉴日本设立绿色创新基金、制定碳中和投资促进税等做法，资助涉及节能减排的产业领域，同时对环保降碳设备等固定资产投资给予抵免税额，提高设备折旧比例。加快制定和实施与环境监管相关的法律，规范碳交易机制。在低碳发展领域，加强与日本、欧盟等经济体的国际合作，借"双碳"发展主题，拓展国际合作的广度和深度。

## 2.3 建筑业绿色发展研究现状

### 2.3.1 建筑业绿色转型升级评价

在"双碳"的国际背景下，建筑生产绿色化和转型升级成为国内外学者研究所关注的焦点。目前学术界对建筑业绿色转型升级的评价主要从装配式建造、智能化施工、数字技术辅助手段等进行测算。由于实现建筑业绿色转型升级的手段的不同，学者们的评价维度和方法也不尽相同。当前的研究热点主要在以下几个方面。

（1）以装配式为首实现工业化、产业化

安敏（2023）等认为装配式建筑示范城市建设是实现城市建筑业碳减排的一大抓手；Tavares[9]（2021）、Pervez[10]（2021）等学者量化了装配式建筑的能耗和碳排放，证明装配式建筑实现了减碳；冯璐瑶等[11]（2018）认为装配式建筑是现阶段专用的建筑技术，被广泛认可为建筑业绿色转型升级的方向；Qing Du 等[12]（2019）的研究表明采用预制技术能显著减少 $CO_2$ 排放；李颖[13]（2016）结合实际案例并对比传统施工，发现装配式结构体系具有工期短、无粉尘、无噪声，节能环保等优势；Xinyu Zhang[14]（2021）研究表明装配式不仅缩短施工的环境生态影响时间而且其结构的质量更好。Shuqiang Wang 等[15]（2022）从装配式建筑全过程进行节能环保研究，发现其碳排放量对比传统建筑减少15.3%。Mei Qing[16]（2020）从装配式建筑全寿命周期进行环境效益分析，得出装配式建筑相对于传统建筑节省了 91.16 元/$m^2$；而齐宝库等[17]（2016）从建造成本角度发现，虽然装配式建筑相比传统建筑降低了现浇施工量、减少了边角料，但构件生产与安装成本明显增加。综上所述，装配式建造模式比传统住宅建造模式环境效益优良，以装配式建造模式实现工业化与产业化，是建筑业绿色转型升级的必要方向。

（2）以智能建造、智慧工地为首实现信息化、网络化

Wen Yi[18]（2018）应用人工神经网络对建筑工人 RPE（Rating of Perceived Exertion）进行预测，通过基于全球移动通信系统（Global System for Mobile Communications，GSM）的环境传感器、智能手镯和智能手机应用程序的形式，保护就业环境艰苦的工作人员；张宏等[19]（2019）认为应用智能安全帽的不安全行为监测，可以大幅度提升施工人员作业安全水平；赖振彬等[20]（2018）通过智能监测系统对绿色建造项目进行实况研究，发现使用智能监测系统的建筑单位面积节能率为 20.62%、钢材废品率为1.2%，这说明智能监测系统对建筑业绿色施工产生了较大的节能和提高建材利用效率的效果，进而促进转型升级。

（3）以低碳施工、被动式建筑为首实现清洁化、绿色化

Lixin Zhang[21]（2018）研究了传统建筑业在生产和使用过程中存在的污染和高消耗问题，比较分析了组合式被动建筑在建设和使用阶段的绿色节能优势，得出组合式被动建筑与绿色发展是我国建筑业转型升级新的发展方向。Boquera Laura，Olacia Elena 等[22]（2021）从绿色建材入手研究，研发了加工农业和森林废弃物等原材料，制造了一种新型生物基石膏，通过循环经济促进了节能环保。Keshavarz-Ghorabaee 等[23]（2020）从绿色

施工管理角度开展研究，采用 WASPAS（Weighted Aggregated Sum Product Assessment）评估方法对供应商信息进行绿色评价及筛选。

### 2.3.2 绿色转型升级的影响因素

经过文献阅读与分析，发现对建筑业绿色转型升级影响因素的研究甚少，所以经过推理思考，对其他产业绿色化与转型升级的影响因素分别进行分析，通过合理兼并，为建筑业绿色转型升级影响因素分析及变量衡量提供借鉴。已有文献对绿色转型升级影响因素的研究主要集中于以下三个方面。

首先，在仅考虑"绿色化"的影响因素研究中，较多学者指出环境政策、能源消耗和环境污染、政府干预、技术创新、所有制结构、对外开放等均能显著影响产业绿色增长。陈诗一[24]进行了绿色增长计算，结果发现，在产业内，以能源、资金为主导，而劳动力、碳排放等对产业的贡献率很小，甚至会对产业发展产生不利影响；韩晶和蓝庆新[25]结合节能减排（"三废"）测量了工业绿化度，得出对外开放对工业发展绿色化具有积极作用，从而更好地引入了外商投资，以技术外溢促进了产业的绿色发展；张江雪等[26,27]基于DEA-CCR模型，测算我国各省 2005—2009 年的工业绿色增长值并提出区域技术创新对工业绿色增长有显著正向作用；袁晓玲等[28]从长期协整关系和动态脉冲两个视角，对陕西的绿色全要素生产率的影响进行了分析，得出能源消费结构、对外开放程度、政府介入程度都会对绿色总要素生产率产生明显的负面影响；余东华等[29]认为，技术创新潜力和国有经济发展水平能显著促进制造业绿色化，而政府支持的影响呈倒 U 形；齐亚伟[30]在对中国各产业的全要素生产率进行测算和作用机制分析时，发现环境管制与全要素生产率的关系呈 N 形，适当而严密的环境管制能够显著提高全要素生产率。

其次，在未考虑"绿色化"的转型升级影响因素研究中，较多学者指出技术能力、创新能力、对外开放、企业规模等均能显著影响产业转型升级。Clemens Lutz[31]通过对发展中国家产业进步的研究得出，技术进步和创新能力的提升促进产业转型升级；綦良群和李兴杰[32]指出，制造业转型升级的重要因素有技术创新、对外开放、人力资本、产业政策等；晁坤[33]对制造业转型升级的影响因素进行实证研究，结果表明，在我国的装备制造业中，技术创新效率低下的原因是规模效率不高，同时在技术研发、创新活动中，普遍缺少规模经济效益。

最后，在考虑"绿色化"转型升级的影响因素研究中，由于对绿色转型升级还没有形成统一和完善的概念，所以目前部分学者认为绿色转型升级影响因素主要体现在技术创新、环境规制、外商直接投资和政府支持等方面。侯建和陈恒[34]在进行高专利密集度制造业绿色转型升级绩效研究时发现，环境规制起抑制作用，技术引进起促进作用；朱东波和任力[35]将环境规制分为成本型和绩效型，运用系统广义矩估计（Generalized Method of Moments，GMM）方法发现当前中国工业绿色转型升级受外商直接投资和环境规制的负向影响，而两者的交互效应能产生正向影响。彭星和李斌[36]通过分析中国各类环境管制对产业绿色转型升级的作用，得出了环境管制与产业绿色转型升级之间存在 U 形关系的结论；同样，张莉[37]等对我国制造业的绿色技术创新进行了实证研究。结果表明，在较小的环境管制强度下，企业的绿色技术创新会对其他类型的技术创新产生挤压作用，从而影响企业的绿色转型升级。

## 2.4 建筑业绿色发展目标及面临的关键问题 ▶▶▶

### 2.4.1 发展目标

建筑业低碳转型与我国城镇化规模、碳减排政策实施紧密相关。本文以"系统推进、分类施策、双轮驱动、稳妥有序"为指导方针，基于系统观念，统筹发展和质量，以推进城镇和乡村节能改造、开展可持续建设行动、加快转变城乡建设方式、提升绿色低碳发展质量为行动指引，提出如下建筑业低碳转型发展目标。2023—2030 年，随着城镇化规模扩大、建筑累计建成面积不断增加，建筑业碳排放量将持续增长。建筑业碳减排应强化顶层设计、分类施策，以"1＋N"政策体系为引领；推动建设高品质绿色建筑，加快既有建筑节能改造，不断提高节能标准，提升建筑电气化率；加强碳排放核算监测能力，提升信息化实测水平；完善绿色金融体系，发挥市场化机制的作用；全面推进建筑用能结构优化与可再生能源应用；持续开展超低能耗建筑、近零能耗建筑、零碳建筑建设示范，推广节能低碳技术。2031—2050 年，建筑节能改造不断深入，建筑业碳排放量实现稳步下降。可再生能源替代率稳步上升，智能光伏与绿色建筑深度融合，建筑能效水平持续提升；绿色交易市场建设完备，通过碳交易市场化手段促进自主节能减排；绿色建材得到全面推广，零碳建筑大规模推广应用，智能建造、"光储直柔"等技术逐渐成熟并得到应用。2051—2060 年，建筑业进入深入降碳阶段，可再生能源获得大规模稳定应用，各类交易市场机制的衔接和政策协同进一步强化；深入挖掘乡镇和农村的减排潜力，最大限度推进建筑业实现零排放。

### 2.4.2 面临的关键问题

（1）政策和标准体系有待完善

建筑业"双碳"工作涉及领域广、产业链条长、利益主体众多，需要加强与完善政策和标准体系的指引。目前，我国已制定了一系列有关碳减排的政策与标准，但在落实层面仍有待完善。部分法规政策缺失明晰的解读，导致公众参与度不高；相关监管部门的执法力度相对薄弱，未能严格按照相应的法律法规进行监督执法。在标准体系建设方面，覆盖面仍有待扩大，如建筑节能和绿色建筑标准体系没有涵盖建筑全寿命周期的各阶段。此外，"双碳"目标的实现需要更为具体有力的激励措施、支持政策作为支撑，以鼓励和推动企业、行业采取减排行动。目前的激励措施主要包括财政补贴、税收优惠、信贷优惠等，但存在相关激励措施难以落实或执行效果不如预期的情况。因此，相关政府主管部门需要完善法规政策，加快标准体系建设，落实激励政策，引导建筑业发展方式转型升级，推进社会发展绿色低碳转型。

（2）节能降碳技术应用不足

节能降碳技术是实现我国建筑业"双碳"目标的重要手段。在实际应用中，仍存在节能技术普及率相对较低、建筑效能有待提升等问题。究其原因主要是，在原材料的选择、建筑外墙保温隔热、采暖设备配置等方面未能充分考虑节能要求。一些新型节能设备和技术如"光储直柔"、地源热泵、高效隔热材料等未得到广泛应用，智能家居、智能微电网等仍处于深化研发和技术攻关阶段未大规模应用。此外，BIM、工程物联网、建筑施工机器人、工程大数据等智能建造技术的市场普及率依然较低[38,39]。未来需进一步推动节能技术的市场化应用以及关键节能技术攻关等工作。

（3）既有建筑碳排放量巨大

2021年，我国城乡建筑累计建成面积约为 $6.77 \times 10^{10}$ m²[40]，建筑规模持续扩大，既有建筑的碳排放量大。尽管我国在推进建筑业节能减碳进程中取得了一定的成果，但仍存在既有建筑节能管理模式滞后、节能改造针对性不强、拆除工作混乱、闲置建筑功能转型困难、基础设施运行体系不完善等问题，阻碍了既有建筑节能改造工作的推进，亟须对既有建筑节能管理和改造模式进行创新，加强节能管理和拆除管理，完善基础设施节能方式。

（4）绿色金融体系有待完善

目前，建筑业低碳转型主要依靠行政手段和财政资金支持，绿色金融等市场化机制的作用尚未得到充分发挥。房地产宏观调控未对绿色建筑实行差别化处理，降低了金融机构对绿色建筑的支持意愿；行业监管部门和金融机构未能对运营阶段的建筑进行有效的跟踪评价与监督，建筑运行标识的管理方法和评估机制仍然缺位。例如，绿色建材企业和节能技术服务公司等中小企业难以提供金融机构接受的抵押担保品，面临一定的融资困境。用于支持建筑业绿色低碳发展的金融工具品类不足，金融机构创新能力有待提升，由绿色金融引导企业积极投资低碳建筑的市场化机制尚未形成。此外，经济激励投入和绿色建筑融资周期存在错配，使绿色建筑项目难以及时享受到绿色金融、绿色债券等优惠政策。

（5）碳排放统计监测能力有待提升

碳排放统计监测体系是推动我国建筑业实现"双碳"目标的重要基础和关键环节。目前，我国现有的建筑业碳排放核算体系不健全，缺乏完善的碳排放因子数据库。构建碳排放因子数据库是碳核算的基础性工作，直接影响建筑碳核算的准确度。现有的建筑碳排放监测系统存在一定的局限性。一是监测的对象基本为公共建筑，以监测耗电量为主，对与公共建筑相关的化石能源燃烧所释放的 $CO_2$ 并未进行监测。二是建筑用电、用气、用水、用热等数据共享渠道尚未打通，缺乏碳排放数据共享制度。三是碳排放监测系统没有数据统计分析功能，存在碳数据碎片化呈现、实时数据填报困难等问题，鲜有运用大数据、物联网、云计算等信息技术对建筑碳排放数据进行实时采集和上传。此外，需建立建筑能耗监测平台，不断完善监测功能，增加建筑类型的丰富度，探索针对居民建筑进行能耗监测的实施方案。

（6）建筑业减排降碳意识不足

增强建筑业减排降碳意识是实现建筑全过程碳减排的重要举措。从建筑全寿命周期视角来看，碳排放贯穿建材生产、规划设计、施工建造、运行和拆除全过程，与建筑全产业链密切相关，要实现建筑全过程碳减排需要企业与业主具备减排降碳意识。目前，建筑企业在减排降碳意识方面存在多重矛盾，如企业增产、成本上涨和技术转换等都与企业减碳相矛盾。为此，亟须利用政策激励等方式协助企业化解矛盾，加强宣传企业在建筑减排降碳方面的贡献与效果，增强建筑业相关企业的减排降碳意识，鼓励企业制定"减碳办法"，同时应提高企业对智能建造的认知，增强企业自主应用意愿。大众是建筑的使用主体，增强大众减排降碳意识对实现建筑业"双碳"目标具有重大作用，但目前大众的建筑减排降碳意识较为薄弱，仍需加大宣传和引导力度。

## 2.5 建筑业绿色发展对策建议 ▶▶

### 2.5.1 完善政策和标准体系

一是健全政策法规。健全推动建筑业碳减排的配套政策，做好相应的政策解读，建立更为严格的碳排放监管制度。明确企业的碳排放指标和限额，并加大执法力度，对不符合标准的项目进行追责和处罚，确保碳排放管理和减排措施有效实施。各级地方主管部门也应根据自身的发展情况，因地制宜地编制碳减排专项规划条例，并与其他相关专项规划相衔接。二是完善标准体系。在建筑全专业（包括结构、电气、暖通等）及全寿命周期（包括设计、施工、检测、运维、评价等）严格执行《民用建筑通用规范》（GB 55031—2022）、《绿色建筑评价标准》（GB/T 50378—2019）、《建筑节能与可再生能源利用通用规范》（GB 55015—2021）等规范及建筑标准，推动建筑节能与绿色建筑评价标准体系的有效落实；各级相关主管部门应结合地方的实际发展情况，编制细化的地方性标准。三是落实激励政策。确保建筑业稳定、常态化减排降碳工作的财政投入，积极采取以奖代补的方式对近零碳建筑等示范性低碳排放建筑及"光储直柔"等技术攻关项目予以支持。落实政府绿色采购方案，支持对绿色低碳产品及技术的优先采购。推进建筑低碳产业的招商引资和招才引智工作，鼓励创新，实现创新引领高质量发展。

### 2.5.2 优化节能技术使用

一是推动可再生能源的利用。积极推广太阳能光伏建筑一体化设计方案，构建集光伏发电、储能、直流配电和柔性用电等功能于一体的建筑示范区。在适宜的区域建设风力发电设施，引进新一代低风速风机技术，提高风能的利用效率，同时加强与电网的连接，实现可再生能源与建筑之间的互动。二是加速提升建筑的电气化水平。推动终端电气化设备的节能与增效研究，推广高效直流电设备的应用，积极引导生活热水、炊事、供暖、照明等朝电气化方向发展，提高建筑能耗中的电力消费比重。三是实行建筑废弃物管理。建立废弃物分类和回收利用系统，推动建筑废弃物的回收和再利用，并积极研发建筑废弃物资源化利用技术，将废弃物转化为可再生能源或再生建材以减少碳排放。四是推行智能家居技术。将物联网、人工智能和自动化技术应用于家居设备及系统，实现智能化的能源管理和生活方式。通过智能家居系统，居民可以实时监测和控制建筑的能源消耗，进行精确的用能管理，有效减少能源浪费和碳排放。例如，智能温控系统可以自动调节室内温度，智能照明系统可以感知人员活动并进行精确照明控制。五是推动智能建造技术融入建筑全过程。智能建造是建筑业低碳转型的重要依托，应加强建筑多元主体协同共治，使建筑设计、施工建造、建筑运维管理协同向智能化迈进；强化标准引领作用，打造以 BIM 为核心、面向全产业链的一体化软件生态，对不同建设主体进行全方位赋能。

### 2.5.3 推动既有建筑降碳

一是加强既有建筑的节能管理。完善建筑碳排放监测平台，建立建筑用能数据共享机制，开展建筑基本信息和能源消耗数据年度统计与更新常态化工作，增强数据的统计分析能力。加强监督管理工作，有关职能部门需要对申报改造项目依法进行严格的核准及审批，开展节能论证，确保节能标准规范的落实。二是加强对既有建筑的节能改造。虽然节能建筑已超过城市建筑面积的50%以上，但大量建筑仍有节能改造的潜力[41]。应注重投融资模式的创新，利用市场化机制，配合老旧小区改造，构建长效有序的管理机制。注重改造建筑围护结构的热工性能，增强保温隔热功能，采用智能化的高效暖通空调系统技术；对于符合铺设条件的建筑，推广和搭建太阳能光伏设施，充分利用可再生能源。

### 2.5.4 推进绿色金融引领

一是强化建筑业绿色金融产品创新，鼓励金融机构推出与企业碳资产、碳减排等相适应的绿色债券、绿色信贷、绿色票据等金融工具，同时鼓励金融机构对各类低碳建材或碳减排技术的消费给予差异化的绿色金融支持。拓宽企业绿色金融服务路径和直接融资渠道，支持对符合条件的绿色建筑或碳减排项目优先进行绿色金融支持，解决企业资金流动性困难等问题。完善建筑碳减排项目的绿色金融申请认定标准，健全绿色金融监管及金融风险应对体系，防止和管控企业的"洗绿"行为，完善绿色金融的韧性机制。二是推动优质资源向绿色低碳建筑业集中，引导资本市场资金向绿色低碳企业或碳减排项目聚集，促进建筑产业链上各方主体积极涌入绿色低碳市场。强化绿色金融供给与需求的适配性，实现资本市场与碳减排市场的联动，提高建筑业向绿色低碳转型的效率。健全绿色低碳建筑市场各方主体的责任机制，激发绿色金融的市场引导效能。三是健全建筑企业环境、社会和公司治理（Environmental，Social and Governance，ESG）管理标准，ESG信息披露规范，ESG监管机制和ESG宣传引导政策，强化企业ESG管理理念，提升企业ESG信息披露的质量，为建筑业碳减排项目融资市场提供高质量、信息对称的数据信息。鼓励企业充分利用新一代信息技术进行ESG信息数字化管理，探索建立企业"碳账户"，实现碳数据的信息溯源，强化绿色金融风险管控。

### 2.5.5 提升碳排放监测能力

一是建立建筑能耗与碳排放监测技术标准，实现建筑用能数据共享。鼓励大型公共建筑采用"业主自建＋数据共享"模式对建筑运行能耗及能效进行监测管理，为降低公共建筑碳排放提供数据支撑。制定碳排放监测技术标准，统一碳排放计算口径及模型，实现建筑用能数据共享。二是发展能源监测及碳排放管理系统，助力企业实施"双碳"管理。利用能源监测及碳排放管理系统对企业的碳排放数据进行实时监测，实现碳排放数据的可追溯、可管理，为企业开展碳减排及碳交易提供决策依据，促进企业向绿色低碳化转型。三是从多维度完善建筑能耗监测平台，促进能耗精细化管理。综合采用BIM、大数据、物联网等智慧建造技术，构建智慧能耗监测平台，从基础设施、可再生能源、碳汇等综合维度对建筑碳排放进行评价[42]。通过技术手段，保证相关数据的准确性、系统的稳定性，减少虚假数据，为建筑碳排放管理、运营状态以及信息发布、预警的可视化提供数据支撑。

### 2.5.6 提升节能降碳意识

一是加强对减碳行动的宣传。加强公众对生态文明科普教育知识的了解，普及减排降碳基础知识。赢得居民对绿色理念的理解和认同，践行绿色生活方式，营造绿色、低碳的生活氛围，动员社会各界积极参与减碳行动。二是推广绿色低碳生活方式。从生活源头减少碳排放量，鼓励市民在居家生活中，使用节能、环保的家用电器，引导形成绿色、健康的生活方式。通过全民降碳意识的增强，降低建筑运行阶段所产生的碳排放量。三是积极宣传建筑全过程节能减排收益效果。通过对低能耗建筑示范项目的全过程数据统计及分析，向公众展示建筑节能减排取得的收益，增强公众对绿色建筑前期投入的信心。鼓励企业开展针对节能管理方式的经验交流会，增强员工节能意识，使建筑低碳管理日常化、体系化。四是加大对国家战略及政策的宣传力度。针对"双碳"目标及相关政策，细化政策及相关规范的解读，增强公众对政策必要性的认同，强化舆论引导，发挥优秀示范项目的引领作用。

# 3 建筑业绿色化发展时空特征分析

全球气候变化和能源危机阻碍着社会和经济的可持续发展。建筑业作为一个高碳排放行业，其绿色发展对于减少 $CO_2$ 排放，进一步减缓全球变暖至关重要。京津冀是中国经济发展的三大增长极之一，在经济社会发展中担负着经济引擎、辐射带动、改革示范等重要使命。2024 年政府工作报告提出，"支持京津冀、长三角、粤港澳大湾区等经济发展优势地区更好发挥高质量发展动力源作用。"因此，本文基于 2010—2020 年京津冀区域面板数据，运用空间计量方法研究了京津冀区域建筑绿色发展水平的时空格局及其影响因素。结果表明，2010—2020 年，京津冀地区建筑绿色发展水平呈上升—下降的交替变化趋势，但总体上呈逐步上升的趋势；空间分布格局逐渐呈现以京津冀为核心的空间分布特征，带动周边城市向好的方向发展。其中，技术创新、产业投资、城市绿化水平、劳动力水平和城市化水平对京津冀地区的建筑绿色发展水平起促进作用。然而，京津冀地区建筑绿色发展水平在全球范围内表现出显著的负面溢出效应。因此，研究结果可为缓解区域间建筑绿色发展水平的不平衡，提高京津冀地区建筑业的碳减排水平提供科学支持和政策建议。

## 3.1 建筑业绿色化发展研究现状

随着全球变暖的加剧和极端天气的频繁发生，气候变化已经从一个科学问题演变为一个涉及国际政治、经济、社会、科技和环境生态的综合性问题。面对气候变化的巨大挑战，所有部门都需要进行迅速而深远的变革。作为经济发展的支柱之一，建筑业一直是碳排放的重要贡献者。根据 IPCC 第六次评估报告，建筑业 $CO_2$ 排放量占全球 $CO_2$ 排放量的 31%[43]。建筑业作为典型的资源密集型行业，在其高能耗、高污染、低能效的生产方式的表象下，正在不断增长。2011—2016 年，中国每年新增建筑面积超过 34.3 亿 $m^2$[44]。截至 2019 年底，中国城镇人均住房建筑面积增至 39$m^2$，建立了世界上最广泛的住房保障体系[45]。与此同时，建筑业是碳排放的重要贡献者。根据中国建筑节能协会和重庆大学联合发布的《2022 年中国城乡建设领域碳排放系列研究报告》，2020 年中国建筑业的总碳排放量达到 50.8 亿 t，占全国碳排放量的 50.9%。随着城镇化的推进和产业结构的深刻调整，中国城乡居民的消费结构正逐渐从"衣食"升级为"住行"，生活从求生转向舒适，对房屋空间、室内环境舒适度以及各种家用电器服务水平提出了越来越高的要求。城乡建设领域消耗一次、二次能源的碳排放量将继续增长，比重逐渐提高。因此，中国将继续处于碳排放上升期，建筑业是决定中国碳达峰和碳中和目标能否成功实现的关键领域。"十三五"时期，我国单位 GDP 二氧化碳排放降低 18.8%，2020 年底比 2005 年降低 48.4%，成功实现了 2020 年比 2005 年单位 GDP 碳排放量下降 40%～45% 的目标，计划到 2030 年实现 $CO_2$ 排放达到峰值，并争取尽早达到峰值。因此，建筑业实施碳达峰和碳中和行动势在必行，建筑业的绿色发展需要大力推进。

自 2014 年将京津冀协同发展提升为重要的国家发展战略以来，如何更好地实现经济与生态环境的绿色协同发展成为热议的话题。学者们对绿色发展的初步研究主要集中在探索和分析生态文明相关的理论、相互作用机制和实践应用中绿色发展的内涵。一些研究指出，生态文明建设与新型工业化和城镇化之间应当协调推进。随着对绿色发展水平的研究视角不断拓展，研究者们主要从能源消耗、绿色服务、资源环境和社会经济等方面构建绿色发展水平评价体系，但目前尚无关于哪种体系最佳的共识。

目前的测量研究主要集中在通过构建绿色发展评价指标体系，从不同方面定量分析研究对象的绿色发展水平。目前既有研究已经应用熵方法、主题分析、神经网络、数据包络分析、网络分析、碳排放测量等方法进行绿色发展水平的定量分析。空间计量模型，如空间自回归模型（Spatial Autoregression Model，SAR）、空间误差模型（Spatial Error Model，SEM）和空间杜宾模型（Spatial Dubin Model，SDM）等，被引入国家、省级和地区级别的溢出效应分析中。例如，一些学者研究了中国省际建筑业绿色发展水平和影响因素，而部分研究者则调研了湖北、山东和河南等省的绿色发展水平。同时，其他学者关注了华北、长江经济带、黄河流域、西北、京津冀等地区的绿色发展。

综上所述，关于城市绿色发展的文献研究丰富多样。然而，仍存在以下不足：首先，大多数研究仅从单一维度，如时间序列或空间效应，探讨城市绿色发展的特征，缺乏对城市绿色发展水平时空演变机制的协同研究；其次，很少有研究应用空间统计方法和地理信息技术来量化建筑业绿色发展的空间聚集；最后，大多数研究仅限于对建筑业绿色发展水平进行特定项目的测量，缺乏区域宏观分析。这意味着对建筑业绿色发展的空间演变需要更精确、完整和宏观的认识。

基于现有研究，本研究试图回答以下问题：（1）如何科学构建一个全面评估模型来评估建筑业的绿色发展水平？（2）如何描述建筑业绿色发展水平的时空演变？（3）如何捕捉京津冀地区建筑业绿色发展水平空间格局的驱动因素和相互作用机制？为了回答这些问题，本研究基于建筑业绿色发展的概念，从社会经济、资源环境和绿色服务三个维度构建了一个全面的评价体系，结合了熵权-TOPSIS（Technique for Order Performance by Similarity to an Ideal Solution）方法确定每个维度指标的权重。随后，基于 2010—2020 年京津冀地区 13 个城市的统计数据，分析了建筑业绿色发展水平的时空演变，该研究还通过构建 SEM 捕捉了驱动因素。

## 3.2 构建京津冀地区建筑业绿色发展评价体系 》》

### 3.2.1 指标体系的构建

建筑业绿色发展水平是识别区域设施绿色发展状况的重要指标，它旨在实现环保和建筑建设的协调发展，强调低碳经济和绿色可持续发展的方向。与建筑施工活动密切相关的外部因素包括社会经济、资源环境和绿色服务。该评价指标针对的是中国建筑业的整体绿色发展，而不仅仅是京津冀地区。

为了客观准确地反映建筑业绿色发展水平，该评价指标基于完整性、独立性和易获取性原则，并参考了国家发展和改革委员会建议的 56 个绿色发展指标以及相关研究。本研究的指标体系考虑了能源利用和绿色服务，并从三个维度提出了标准层：社会经济、资源环境和绿色服务。社会经济反映了城市经济发展水平和二次产业生产活动的结果，这既是京津冀地区城市活力的重要指标，也是建筑业绿色发展的基石。资源环境状况是衡量城市绿化水平的重要指标；资源和环境水平的下降将刺激对绿色建筑增长的需求。绿色服务反映了在建筑业区域绿色发展过程中推动绿色建筑和环境治理，是确保京津冀地区可持续发展的基本前提。

基于建筑业绿色发展的三个维度，初步选择了 20 个指标。为了探索京津冀地区建筑业绿色发展水平的空间自相关性，基于空间邻接矩阵对这 20 个指标进行了莫兰指数分析。选取了具有显著空间相关性的 9 个指标构建了针对京津冀地区的测量框架。经济结构决定了总能源消耗、经济发展强度和温室气体排放。第二产业在地区 GDP 中的比重越大，地区 GDP 的能源消耗就越高，这将导致更多的生态和环境问题，并对基础设施建设产生负面影响。因此，这个指标具有负面属性。地区 GDP 增长率可以代表地区的社会经济活动，有利于绿色建筑投资的发展。工业烟（尘）和二氧化硫排放量是与建筑业相关的活动产生的排放指标。排放指标越高，建筑业的绿色发展水平就越低，所以这两个指标都是显著的。城镇建设用地占城镇面积的比例越高，非建设用地面积占比越低，可建绿色建筑就越少。因此，这个指标可以抑制建筑业的绿色发展。人均道路面积、污水处理厂集中处理率和生活垃圾无害化处理率都代表了一个城市的绿色发展水平。绿色发展水平指数越高，建筑业的绿色发展水平就越高。

本文构建了京津冀地区建筑业绿色发展水平综合评价体系，涵盖绿色建筑的经济、环境、服务等要素，见表 3.1。该表综合呈现了京津冀地区建筑业发展水平的时空变化，体现了绿色发展的主要内容。

表 3.1 京津冀地区建筑业绿色发展水平综合评价体系

| 目标 | 准则 | 指标 | 单位 | 属性 | 权重 |
|---|---|---|---|---|---|
| 京津冀地区建筑业绿色发展水平 | 社会经济水平 | 第二产业占地区 GDP 的比重 | % | — | 0.17188 |
| | | 地区 GDP 增长率 | % | + | 0.13712 |
| | 资源环境水平 | 工业烟（尘）排放 | t | — | 0.01659 |
| | | 城市人均清洁能源拥有量 | t | + | 0.36469 |
| | | 工业二氧化硫排放量 | t | — | 0.05362 |
| | | 城镇建设用地占城镇面积的比例 | % | — | 0.04092 |
| | 绿色服务水平 | 人均道路面积 | m² | + | 0.08816 |
| | | 污水处理厂集中处理率 | % | + | 0.09579 |
| | | 生活垃圾无害化处理率 | % | + | 0.03122 |

### 3.2.2 数据来源

2015 年 6 月，中共中央、国务院印发《京津冀协同发展规划纲要》。纲要提出"一核""两城""两翼""多支点"的城市规划格局。北京和天津两个城市是世界级城市群，形成功能高度融合的走廊发展区。"两翼"为河北石家庄和唐山，分别辐射河北中南部和河北东部，联结京广、京唐秦城镇走廊，形成区域辐射影响。"多支点"为保定、邯郸、张家口、承德、廊坊、秦皇岛、沧州、邢台、衡水等中心城市，构成京津冀协同发展的多层次空间基础。Qiangmin Xi，Junwei Xu、Dong Han 等人[46-49]将京津冀地区划分为两个直辖市和河北省 11 个市，Xuebo Zhang，Wenbin Peng，Xiang Luo[50-52]以京津冀地区县为研究对象。此外，鉴于北京、天津的大都市地位和相对于其他城市的先天优势，直接与河北省小城市进行比较，可以体现京津两地对河北省 11 个市建筑业的空间溢出效应和协同效应。这将进一步推动京津冀协同发展重大国家战略。因此，选取北京、天津和河北省等 13 个城市作为研究对象。

本研究限于统计数据的可访问性和完整性，主要关注 2010—2020 年京津冀地区建筑业绿色发展水平的时空演变过程。评价体系指标数据来源于《中国城市统计年鉴》、《城市建设统计年鉴》、地区统计年鉴、地区经济和社会发展统计公报。

## 3.3 测算与分析京津冀地区建筑业绿色发展水平 ▶▶

### 3.3.1 变量与数据

确定指标权重的方法通常包括层次分析法、专家打分法等，赋权具有主观性，可能导致决策结果出现偏差。熵权法根据各评价指标所提供的信息，客观地确定其权重。它不仅能够在决策时客观地反映指标体系中某个指标的重要性，而且能够突出指标权重随时间的变化，适合区域间建筑业绿色发展水平评价研究。本文采用全局熵权法，即在一般断面数据中引入时间序列，建立"区域-时间-指数"三维时间序列数据表来动态测度京津冀地区建筑业绿色发展水平。

TOPSIS 排序法是一种多目标有限决策方案分析方法。该方法首先建立规范化矩阵与加权标准化判断矩阵，再确定数据列的正、负理想解，分别计算各参数到正理想解与负理想解的欧氏距离，最终根据排队指示值进行排序[53]。该方法不受样本体积特殊要求的限制，不受参比物干扰的影响，具有几何意义直观、畸变小、操作灵活、适用范围广等优点。

本文采用熵权-TOPSIS 法对京津冀地区建筑业绿色发展水平进行评价，该方法的核心思想是利用总体熵权法对京津冀地区建筑业绿色发展水平进行加权。在标准化各衡量指标的基础上，利用 TOPSIS 法对各城市建筑业绿色发展水平进行定量排名。总体熵权法的指标权重值是根据各测量指标数据变异程度所反映的信息量来获得的，减少了指标加权时人的主观因素的干扰。TOPSIS 方法通过比较各测量对象距最优解和最差解的相对距离来进行定量排序，具有计算简单、结果合理的优点。熵权-TOPSIS 法结合了总体熵权法和

TOPSIS 法的优点，使得京津冀地区建筑业绿色发展水平的测量结果更加客观合理，其具体实施步骤如下。

第一，构建总体熵评价矩阵。需要用 $n$ 个评价指标来评价 $m$ 个评价对象 $X_1$，$X_2$，$X_3$，…，$X_n$ 的建筑业绿色发展水平。通过引入全局思想，将 $t$ 个截面数据表按时间顺序从上到下排列在一起，从而形成总体熵评价矩阵，记为：

$$X=(x_{ij})_{m \times n} \quad (i=1, 2, 3, \cdots, m; \ j=1, 2, 3, \cdots, n) \tag{3.1}$$

第二，数据标准化处理。由于建筑业绿色发展水平综合评价体系指标数量较多，且数据层次不一、数量级差异较大，因此需要对指标数据进行标准化处理，即异质同化。由于建筑业绿色发展水平的各项指标都有正向和负向之分，因此采用极差变换法，分别用公式（3.2）和公式（3.3）对正向指标和负向指标进行标准化。

$$\mathrm{Y}_{ij}=\frac{x_{ij}-\min x_{ij}}{\max x_{ij}-\min x_{ij}} \tag{3.2}$$

$$\mathrm{Y}_{ij}=\frac{\max x_{ij}-x_{ij}}{\max x_{ij}-\min x_{ij}} \tag{3.3}$$

式中，$i$ 代表省（直辖市），$j$ 代表测量指标；$x_{ij}$ 和 $Y_{ij}$ 分别代表建筑业原始绿色发展水平和标准化绿色发展水平；为避免计算数据无意义，$\min x_{ij}$ 为指标最小值 $x_{ij}$ 的 0.99 倍，$\max x_{ij}$ 为指标最大值 $x_{ij}$ 的 1.01 倍。

第三，计算建筑业绿色发展水平 $Y_{ij}$ 衡量体系中各衡量指标的信息熵 $E_j$。

$$E_j=-\frac{1}{\ln m}\sum_{i=1}^{m}\left[\left(\frac{Y_{ij}}{\sum_{i=1}^{m}Y_{ij}}\right)\ln\left(\frac{Y_{ij}}{\sum_{i=1}^{m}Y_{ij}}\right)\right] \tag{3.4}$$

式中，$m$ 为评价对象的个数。

第四，计算建筑业绿色发展水平 $Y_{ij}$ 衡量体系中各衡量指标的权重 $\omega_j$。

$$\omega_j=\frac{1-E_j}{\sum_{j=1}^{n}(1-E_j)} \tag{3.5}$$

式中，$n$ 为研究地区评价指标个数；指标权重越大，对建筑业绿色发展水平的影响越大。

第五，构建建筑业绿色发展水平指标的加权矩阵 $R$。

$$R=(r_{ij})_{m \times n} \tag{3.6}$$

式中，$r_{ij}=\omega_j \times Y_{ij}$。

第六，确定正理想解和负理想解。

$$Q_j^+=(\max r_{1j}, \ \max r_{2j}, \ \cdots, \ \max r_{mj})$$
$$Q_j^-=(\min r_{1j}, \ \min r_{2j}, \ \cdots, \ \min r_{mj}) \tag{3.7}$$

式中，$Q_j^+$ 表示第 $i$ 年第 $j$ 个指标的最大值，$Q_j^+$ 为正理想解，即最理想的选择方案；$Q_j^-$ 表示第 $i$ 年第 $j$ 个指标的最小值，$Q_j^-$ 是负理想解，即最差的选择方案。

第七，计算各指标测量方案与正方案和负方案的距离。

$$d_i^+=\sqrt{\sum_{j=1}^{n}(Q_j^+-r_{ij})^2}$$

$$d_i^-=\sqrt{\sum_{j=1}^{n}(Q_j^--r_{ij})^2} \tag{3.8}$$

第八，计算每个测量方案与理想方案的相对接近度 $C_i$。

$$C_i = \frac{d_i^-}{d_i^+ + d_i^-} \tag{3.9}$$

式中，相对接近度 $C_i \in (0, 1)$，可以综合反映评价对象的稳定性状态，由 $d_i^+$ 和 $d_i^-$ 两个距离指标反映。$C_i$ 值越高，表明城市建设绿色发展水平越高；反之，城市建设绿色发展水平越低。

基于建筑业绿色发展水平综合评价指标体系，在整理京津冀地区 13 个城市 2010—2020 年面板数据后，采用熵权-TOPSIS 法测算京津冀地区建筑业绿色发展水平。结果见表 3.2。

表 3.2  2010—2020 年京津冀地区建筑业绿色发展水平

| 城市 | 2010 年 | 2011 年 | 2012 年 | 2013 年 | 2014 年 | 2015 年 | 2016 年 | 2017 年 | 2018 年 | 2019 年 | 2020 年 |
|---|---|---|---|---|---|---|---|---|---|---|---|
| 北京 | 0.485 | 0.473 | 0.528 | 0.553 | 0.585 | 0.665 | 0.708 | 0.716 | 0.755 | 0.759 | 0.703 |
| 天津 | 0.356 | 0.400 | 0.329 | 0.378 | 0.382 | 0.373 | 0.392 | 0.394 | 0.363 | 0.418 | 0.445 |
| 石家庄 | 0.289 | 0.290 | 0.287 | 0.287 | 0.296 | 0.396 | 0.385 | 0.428 | 0.429 | 0.421 | 0.444 |
| 唐山 | 0.282 | 0.269 | 0.264 | 0.227 | 0.231 | 0.239 | 0.265 | 0.272 | 0.308 | 0.318 | 0.308 |
| 秦皇岛 | 0.348 | 0.378 | 0.348 | 0.321 | 0.375 | 0.417 | 0.448 | 0.485 | 0.499 | 0.514 | 0.450 |
| 邯郸 | 0.327 | 0.360 | 0.359 | 0.315 | 0.332 | 0.320 | 0.302 | 0.345 | 0.340 | 0.350 | 0.345 |
| 邢台 | 0.277 | 0.282 | 0.260 | 0.253 | 0.275 | 0.297 | 0.307 | 0.346 | 0.345 | 0.426 | 0.407 |
| 保定 | 0.303 | 0.280 | 0.268 | 0.257 | 0.264 | 0.243 | 0.301 | 0.315 | 0.387 | 0.407 | 0.414 |
| 张家口 | 0.298 | 0.274 | 0.275 | 0.288 | 0.248 | 0.271 | 0.292 | 0.320 | 0.346 | 0.362 | 0.357 |
| 承德 | 0.254 | 0.252 | 0.252 | 0.295 | 0.304 | 0.294 | 0.323 | 0.341 | 0.374 | 0.372 | 0.361 |
| 沧州 | 0.306 | 0.320 | 0.298 | 0.295 | 0.300 | 0.308 | 0.303 | 0.303 | 0.348 | 0.353 | 0.338 |
| 廊坊 | 0.292 | 0.255 | 0.287 | 0.315 | 0.393 | 0.420 | 0.413 | 0.485 | 0.511 | 0.527 | 0.636 |
| 衡水 | 0.316 | 0.334 | 0.297 | 0.297 | 0.293 | 0.268 | 0.306 | 0.328 | 0.359 | 0.394 | 0.387 |
| 平均值 | 0.318 | 0.321 | 0.312 | 0.314 | 0.329 | 0.347 | 0.365 | 0.391 | 0.413 | 0.432 | 0.430 |

## 3.3.2  时间演化特征分析

为了更直观地反映区域建筑业绿色发展水平的分布情况，绘制 2010—2020 年京津冀地区建筑业绿色发展水平随时间的变化，如图 3.1 所示。2012 年和 2020 年，13 个城市建筑业绿色发展水平总体呈现波动上升趋势。2011 年京津冀地区建筑业绿色发展水平提升的原因在于政策引导和科技创新的综合效应初见成效。同时，2014 年京津冀协同发展上升为重大国家战略，京津冀一体化进程加快，有利于缩小京津冀地区 13 个城市间建筑业绿色发展水平的差距。京津冀地区 13 个城市建筑业绿色发展水平普遍提高。值得注意的是，2019 年住房和城乡建设部发布了《绿色建筑评价标准》（GB/T 50378—2019），评价标准范围更广、评价阶段更明显、评价方法更加系统合理，评价指标体系更加完善。这意味着我国开始实施更严格、更全面的评价标准来规范绿色建筑业市场[54]，建筑业绿色化的快速发展势不可挡。

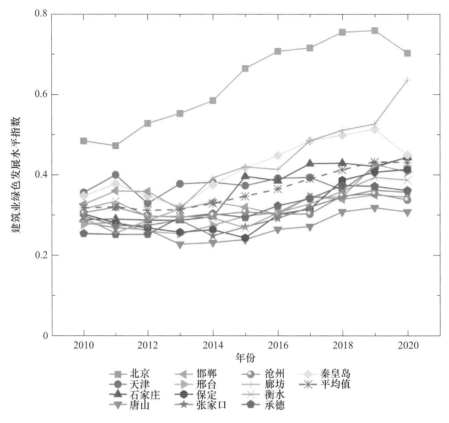

图 3.1　2010—2020 年京津冀地区建筑业绿色发展水平随时间的变化

　　然而，新冠疫情的突然暴发影响了中国经济的健康发展，其中建筑业 2020 年第一季度新签合同数下降。房地产企业销售困难，还款压力较大。由于疫情防控常态化，建筑业供应链陷入停滞，工程成本大幅增加。尽管 2020 年我国建筑业绿色发展水平有所下降，但保定、廊坊等地建筑业绿色发展水平同年有所上升。造成这种异常现象的主要原因是，保定存在雄安新区建设数据。2020 年，国家发展和改革委员会会同有关方面提出，在落实常态化疫情防控措施的前提下，加快雄安新区重大项目建设，帮助协调解决项目建设中的困难，继续加大对雄安新区建设的资金和政策支持。2019 年 8 月，廊坊市发展和改革委员会起草了《廊坊市优化调整能源结构实施意见（2019—2025 年)》，提出多方面推进清洁能源在建筑业领域的应用，加强能源设施建设，实施 26 个能源结构优化调整重大项目。

　　在京津冀地区 13 个城市中，北京建筑业绿色发展水平一直名列前茅。河北省秦皇岛、廊坊建筑业绿色发展水平较高，其次是天津、石家庄，其他城市建筑业绿色发展水平较低。从动态趋势看，2010—2020 年，13 个城市建筑业绿色发展水平总体呈上升趋势，平均值由 2010 年的 0.318 上升至 2020 年的 0.430。秦皇岛、廊坊等城市建筑业绿色发展水平高于城市平均水平，天津、石家庄建筑业绿色发展水平在建筑业绿色发展水平平均值附近波动。但河北省其他 8 个城市建筑业绿色发展水平均低于平均水平。城市间建筑业绿色发展水平差距不断拉大。最高与最低水平差值已由 2010 年的 0.230 逐渐变为 2020 年的 0.395。但河北省各城市建筑业绿色发展水平差异不大。从城市排名来看，2010—2020

年，北京建筑业绿色发展水平最高，持续排名第一。2014 年以来，秦皇岛、廊坊连续排名第二、第三。承德、保定、张家口、唐山排名倒数四位，其余城市处于中等水平。各城市的排名都比较稳定。

选取 2010 年、2013 年、2017 年、2020 年四个代表性年份进行示范。基于表 3.2 中实测值，利用核密度曲线和时间演化模式考察京津冀地区建筑业绿色发展总体分布形态、峰值位置和延伸范围的变化，如图 3.2 所示。

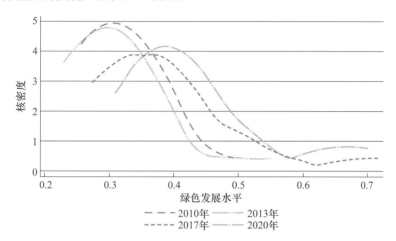

**图 3.2  2010 年、2013 年、2017 年和 2020 年京津冀地区建筑业绿色发展水平趋势图**

从 2010—2020 年核密度曲线位置变化来看，京津冀地区建筑业绿色发展核密度曲线分布中心呈现右移趋势。2013—2017 年向右移动的幅度比 2017—2020 年更大。2013—2017 年京津冀地区 13 个城市建筑业绿色发展水平提升较为明显，表明近年来京津冀地区建筑业绿色发展水平显著提升 。这主要得益于《建筑节能和绿色建筑发展"十三五"规划》以及各城市出台的绿色建筑政策。此外，由于土地供应、金融支持、产业培育等力度加大，京津冀地区绿色建筑发展水平不断提升。

从形态变化来看，2010—2020 年核密度曲线由单峰演变为略多峰，表明京津冀地区建筑业绿色发展水平由单极分化向多极分化转变 。2017—2020 年变化区间略有加大，建筑业绿色发展水平分布趋于分散。建筑业绿色发展横向分布的密度函数右尾较左尾移得更远，表明京津冀地区建筑业绿色发展水平较低的城市比例在下降。

从峰值来看，2010—2020 年京津冀地区建筑业绿色发展水平峰值整体呈下降趋势，分别在 2010 年和 2017 年达到最高值和最低值，表明空间极化效应对京津冀地区建筑业绿色发展水平的影响逐渐减弱。同时，右尾的面积逐渐增大，因此色散效果逐渐增强。原因在于，在京津冀一体化发展政策和建筑低碳节能相关发展规划的实际指导下，各地区建筑业绿色发展逐步起飞，建筑业绿色发展水平区域间差异逐步缩小，一体化程度逐步提高。

为了更好地了解 13 个城市建筑业绿色发展水平的变化，我们选择了四个时间段（2010 年、2013 年、2017 年、2020 年）进行分析。利用 ArcGIS 10.8 软件的趋势分析工具，基于空间坐标（阿伯斯投影）和建筑业绿色发展水平实现城市的三维可视化。图 3.3 显示了结果，每个城市高度对应其建筑业绿色发展水平。图片中的每根垂直线代表了每个城市建筑绿色发展水平，这些点投影在东西向（$X$ 方向）和南北向（$Y$ 方向）的正交平面上。通过投影点获得了最佳拟合曲线，该曲线模拟了 2010—2020 年北京-天津-河北地区建筑业绿色发展水平的空间趋势变化。分析发现，2010—2020 年，北京-天津-河北地区建筑业绿色发展水平在经度方向（$X$ 方向）逐渐呈现出东西方向的倒 U 形分布，意味着河北省西部地区的建筑业绿色发展水平逐渐提升到北京、天津的水平，然而河北省东部地区建筑业绿色发展水平在逐渐下降。此外，径向方向（$Y$ 方向）在南北方向呈现出倒 U 形分布，意味着河北省北部地区建筑业绿色发展水平逐渐提升到北京、天津的水平，然后逐渐下降到河北省中部和南部地区的水平。

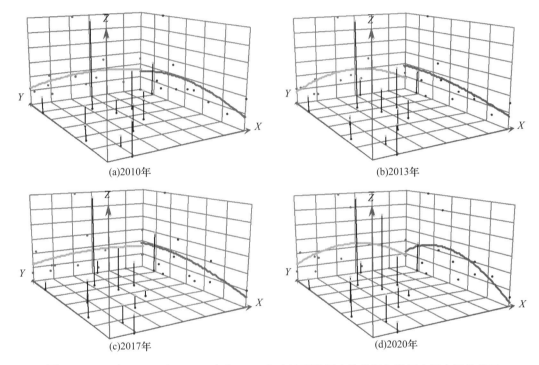

**图 3.3　2010 年、2013 年、2017 年和 2020 年京津冀地区建筑业绿色发展水平空间趋势图**

结合以上发现，建筑业绿色发展水平的最高值位于北京、天津以及河北省中部城市（倒 U 形谷底），表现出空间锁定效应，表明这些地区是北京-天津-河北地区的主导地区，建筑业绿色发展水平较高。这主要有两个原因。一个原因是直辖市北京和天津位于北京-天津-河北地区的中心，拥有大量的政治、社会和经济资源，促进了建筑业的绿色发展。另一个原因是，自中共十八大以来，国家进入了高质量发展的时代，随着京津冀协同发展战略的实施，北京和天津对周边城市的积极拉动效应逐渐显现。

### 3.3.3　空间演变特征分析

本文选取 2010 年、2013 年、2017 年和 2020 年这四个年份，对北京-天津-河北地区每个城市的建筑业绿色发展水平进行了空间可视化。采用自然断点法将建筑业绿色发展水平分为五个级别：低水平、较低水平、中等水平、较高水平和高水平。利用 ArcGIS 10.8 软件进行可视化表达，绘制了 2010—2020 年北京-天津-河北地区建筑业绿色发展水平的空间格局，如图 3.4 所示。总体上，研究时期内建筑业绿色发展水平呈现出以北京和天津为核心的聚集现象，但到了 2020 年，则以石家庄为核心。2010—2020 年，建筑业绿色发展中等和较高水平城市的数量增加，其中建筑业绿色发展高水平和较高水平城市的数量从 3 个增加到 5 个，建筑业绿色发展低水平和较低水平城市的数量从 6 个减少到 4 个。建筑业绿色发展高和较高水平区域集中在北京、天津、石家庄、廊坊和秦皇岛，并逐渐向周边地区迁移。建筑业绿色发展低水平和较低水平区域主要集中在唐山、承德、张家口、邢台、沧州。建筑业绿色发展中等水平区域主要位于建筑业绿色发展高水平和较高水平区域的附近，在建筑业绿色发展低水平和较低水平区域之间起到缓冲作用。

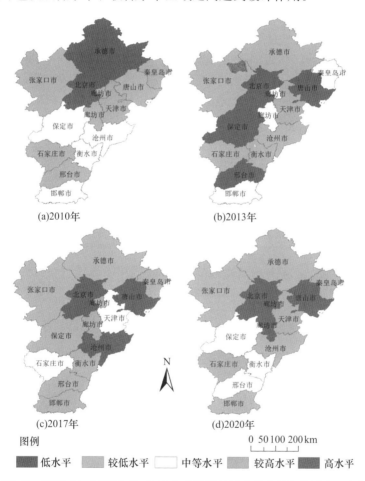

图 3.4　2010 年、2013 年、2017 年和 2020 年京津冀地区建筑业绿色发展水平空间格局分布

2010 年，建筑业绿色发展高和较高水平区域主要集中在北京、天津和秦皇岛等 13 个城市中，这些城市的建筑业绿色发展水平相对较高，而其他城市的水平较低。2013 年，北京和天津继续保持较高的建筑业绿色发展水平，但秦皇岛建筑业绿色发展从较高水平降至中等水平。廊坊的建筑业绿色发展水平提高，而承德、唐山、保定、沧州、衡水和邢台的建筑业绿色发展水平下降。建筑业绿色发展中等及以上水平城市的数量减少，建筑业绿色发展低水平和较低水平城市的数量增加。2017 年，建筑业绿色发展低水平城市的数量减少，建筑业绿色发展较低水平城市增加了保定、邢台和邯郸，而廊坊建筑业绿色发展水

平从中等晋升至较高。到 2020 年，京津冀地区建筑业绿色发展水平整体有所提高，高水平地区有北京和廊坊。石家庄建筑业绿色发展水平在 2017 年后逐步提升，从中等提升至较高，其周边三个城市保定、衡水和邢台的建筑业绿色发展水平，也从较低升级至中等。到 2020 年，北京-天津-河北地区形成了以北京、天津、石家庄、廊坊和秦皇岛为中心的建筑业绿色发展高和较高水平城市的空间分布格局。建筑业绿色发展高水平城市数量的增加和建筑业绿色发展低水平城市数量的减少表明，首都北京和省会城市石家庄充分利用资源，推动周边城市向更好的方向发展。每个城市的建筑业绿色发展水平都在逐步提高。

本文旨在反映京津冀地区城市建筑业绿色发展水平的整体相关程度，并分析其全局空间自相关特征。为实现此目标，我们以 2010—2020 年京津冀地区建筑业绿色发展水平为主要数据，并应用 Stata 软件计算了该地区 13 个城市建筑业绿色发展水平分布的全局莫兰指数，具体结果见表 3.3。从表 3.3 中可以看出，2011 年、2012 年、2018 年、2019 年和 2020 年建筑业绿色发展水平的全局莫兰指数通过了 10% 的显著性检验（$P$ 值均小于 0.1），其中 2018 年、2019 年和 2020 年的全局莫兰指数为正值，而 2011 年和 2012 年为负值，表明 2018 年、2019 年和 2020 年北京-天津-河北地区建筑业绿色发展水平的分布呈现出显著的空间聚类特征，而 2011 年和 2012 年各城市之间建筑业绿色发展水平分布存在显著的空间差异。2010—2020 年，全局莫兰指数呈现从负值到正值的上升趋势。2013 年后全局莫兰指数为正值，表明近年来北京、天津和河北建筑业绿色发展水平分布的空间相关性逐渐增强，聚集特征趋势随时间变得更加显著。

表 3.3  2010—2020 年京津冀地区建筑业绿色发展水平全局空间自相关检验结果

| 年份 | 全局莫兰指数 | $Z$ 值 | $P$ 值 |
|---|---|---|---|
| 2010 | −0.209 | −1.207 | 0.114 |
| 2011 | −0.365 | −2.057 | 0.020** |
| 2012 | −0.225 | −1.416 | 0.078* |
| 2013 | −0.071 | 0.129 | 0.449 |
| 2014 | 0.048 | 1.147 | 0.126 |
| 2015 | 0.016 | 0.870 | 0.192 |
| 2016 | 0.015 | 0.960 | 0.169 |
| 2017 | 0.054 | 1.174 | 0.120 |
| 2018 | 0.103 | 1.714 | 0.043** |
| 2019 | 0.063 | 1.318 | 0.094* |
| 2020 | 0.234 | 2.432 | 0.008*** |

注：括号内为稳健标准误差。*** 表示 $p<0.01$，** 表示 $p<0.05$，* 表示 $p<0.1$。

京津冀地区建筑业绿色发展水平的分布呈现出显著的空间相关特征。但具体出现空间相关特征的城市尚不清楚。而局部空间自相关分析可以反映特定城市的集聚类型以及局部与邻近城市之间的空间关联特征。因此，可以利用京津冀地区 13 个城市 2010 年、2013 年、2017 年、2020 年当地莫兰指数来识别建筑业绿色发展水平的空间关联特征。本文绘制了京津冀地区建筑业绿色发展水平局部空间聚类表，分析了京津冀地区建筑业绿色发展水平空间关联模式，见表 3.4。地理区域分布在四个象限中。高-高聚类（H-H）表示区域内城市及其周边城市建筑业绿色发展水平均较高，表现出空间关联的正向辐射效应。高-低聚类（H-L）表示区域内城市建筑业绿色发展水平较高，但其周边城市建筑业绿色发展水平较低，空间关联存在极化效应。低-高聚类（L-H）表明一个城市建筑业绿色发展水平低于周边城市，属于过渡区域。低-低聚类（L-L）表示一个城市建筑业绿色发展水平低于周边地区，呈现负向辐射效应。

京津冀地区建筑业绿色发展水平局部空间集聚主要集中在第二、第三、第四象限，其中第二象限城市数量居首位。这表明京津冀地区建筑业绿色发展高水平城市带动作用较弱，建筑业绿色发展水平参差不齐，建筑业绿色发展水平不高。大多数城市都需要改进。具体来看，H-H集聚区主要分布在北京、天津、廊坊。这些城市自身及周边城市建筑业绿色发展水平较高。北京作为我国首都，绿色建筑建设起步早、力度大，保持了高质量的绿色发展。天津作为直辖市和环渤海地区重要的沿海城市，强大的环境管理和城市绿化助力了建筑业的绿色发展。廊坊地处京津中部，受到京津地区的积极扩散效应，提升了自身建筑业绿色发展水平，助力区域发展。

L-H集聚区主要集中在唐山、保定、张家口、承德、沧州。这些城市建筑业绿色发展水平较低，但周边城市建筑业绿色发展水平较高。这些城市由于产业结构不合理或经济基础薄弱，绿色建筑发展受到限制。这些城市要充分发挥靠近建筑业高水平绿色发展城市的区位优势，充分发挥建筑业绿色发展高水平城市的扩散效应，积极提升自身建筑业绿色发展水平。

L-L集聚区集中在以邯郸、邢台、衡水为代表的河北中南部地区。该地区距京津冀核心区较远，地理位置不优越，经济结构单一，产业整合能力较弱。与此同时，石家庄、邯郸、邢台、衡水未能实现资源整合和良性互动。L-L集聚区的城市数量随着时间的推移呈逐渐减少的趋势，主要受区域发展以及建筑业绿色发展高水平城市的辐射影响。

H-L集聚区主要集中在建筑业绿色发展水平较高的石家庄、秦皇岛，但周边城市建筑业绿色发展水平较低。作为城市发展战略，秦皇岛生态发展是其建筑业绿色发展的"燃料"。然而，尽管这两个城市的建筑业绿色发展水平较高，但邻近城市唐山、承德、保定等城市的建筑业绿色发展水平较低。H-L集聚容易产生极化效应，说明城市间建筑业绿色发展不平衡，需要不断加强城市间的合作与联系。2010年、2013年、2017年、2020年京津冀地区建筑业绿色发展水平局部莫兰 I 指数区域分布见表3.4。

**表3.4 2010年、2013年、2017年、2020年京津冀地区建筑业绿色发展水平局部莫兰 I 指数区域分布**

| 年份 | H-H | L-H | L-L | H-L |
|------|------|------|------|------|
| 2010 | — | 唐山、保定、张家口、承德、沧州、廊坊 | 石家庄、邢台、衡水 | 北京、天津、秦皇岛、邯郸 |
| 2013 | 廊坊 | 唐山、保定、张家口、承德、沧州 | 石家庄、邢台、衡水 | 北京、天津、邯郸、秦皇岛 |
| 2017 | 北京、天津、廊坊 | 唐山、保定、张家口、承德 | 邯郸、邢台、沧州、衡水 | 石家庄、秦皇岛 |
| 2020 | 北京、天津、廊坊 | 唐山、保定、张家口、承德、沧州 | 邯郸、邢台、衡水 | 石家庄、秦皇岛 |

## 3.4 探究与讨论绿色发展水平影响因素作用机理

### 3.4.1 变量和模型选择

前期研究结果表明，京津冀地区建筑业绿色发展呈现"中部高、边缘低"的特征，存在空间集聚现象。为了探讨建筑业绿色发展的影响因素，本研究构建了更为通用的 SEM 进行分析，该模型采用以下方程建立：

$$y_i = \alpha_0 + \beta_1 tec_{it} + \beta_2 gre_{it} + \beta_3 ind_{it} + \beta_4 urb_{it} + \beta_5 lab_{it} + \varepsilon_{it}$$

$$\varepsilon_{it} = \lambda \omega \varepsilon_{it} + \mu_{it}$$

式中，$y_i$ 为 $i$ 市 $t$ 年建筑业绿色发展水平集聚指数，$tec_{it}$ 为 $i$ 市 $t$ 年科技创新投入，$ind_{it}$ 为 $i$ 市 $t$ 年工业投资额，$gre_{it}$ 为 $i$ 市 $t$ 年城市绿化水平，$lab_{it}$ 是 $i$ 城市 $t$ 年的劳动力水平，$urb_{it}$ 是 $i$ 城市 $t$ 年的城镇化水平，$\alpha_0$ 为截距项，$\beta_1 \sim \beta_5$ 为待估计参数，$\lambda$ 为空间误差自回归系数；$\omega$ 是空间权重矩阵，$\varepsilon_{it}$ 是随机误差项的向量，$\mu_{it}$ 表示空间不相关项。

建筑产业体系绿色发展的演化是一个涉及多种因素的动态复杂的空间过程。为了定量考察京津冀地区建筑业绿色发展水平空间分异的影响因素，我们结合京津冀地区的实际情况和数据，并在参考前人研究[55-62]的基础上构建了解释变量。

在这些驱动因素中，科技创新水平是一个地区彰显绿色发展潜力的重要指标。本文选取科技支出来说明，它不仅能促进地区科技创新活力的提升，还能反映当地技术变革的活跃程度；工业投资额可以反映地区建筑业的发展规模。开发商从项目中获得的经济效益直接影响项目的选址和规模。成熟的房地产市场一般具有房地产投资环境稳定、当地产业扎实、投资资本水平高的特点，这些都能吸引绿色建筑项目的投资[63,64]。城市绿化水平一方面标志着政府对环境保护的重视程度，另一方面也描述了城市绿化发展的未来趋势，表现为建成区的绿化率。建筑业被定义为劳动密集型产业，因此劳动力是建筑项目的重要组成部分，所以劳动力水平对项目的成功与否起着至关重要的作用[65]。建筑生产率非常重要，因为它影响着时间和成本目标[66]。这种驱动力表现为建筑业从业人员数。城镇化水平反映了区域经济的发展程度，它使人口在空间上集中在特定范围内，加快了工业化进程[67]。

表 3.5 列出了各变量的描述性统计分析和多重共线性检验结果。从表中可以看出，各变量的方差膨胀因子最大值为 5.75，小于经验判断值 10，因此各变量之间不存在多重共线性，可以进行后续分析。

表 3.5 影响因素指标体系

| 影响因素 | 解释变量 | 代码 | 单位 | 平均值 | 标准差 | 最大值 | 最小值 | 共线性 |
|---|---|---|---|---|---|---|---|---|
| 科技创新投入 | 科技支出 | $tec$ | 百万元 | 0.14 | 0.22 | 0.80 | −0.13 | 5.75 |
| 工业投资额 | 建筑业总产值增量 | $ind$ | 百万元 | 0.09 | 0.10 | 0.28 | −0.13 | 5.69 |
| 城市绿化水平 | 建成区绿化率 | $gre$ | % | 0.41 | 0.05 | 0.47 | 0.32 | 1.20 |
| 劳动力水平 | 建筑业从业人员数 | $lab$ | 百万人 | 75.92 | 34.63 | 139.47 | 32.24 | 1.15 |
| 城镇化水平 | 城镇化率 | $urb$ | % | 0.73 | 0.16 | 0.88 | 0.45 | 1.08 |

### 3.4.2 实证结果与讨论

前文分析表明，京津冀地区建筑业绿色发展水平存在显著的空间依赖性和集聚性特征。用传统计量经济模型回归得到的结果会存在偏差，因此借助 Stata 16.0 软件对建筑业绿色发展水平的驱动因素进行空间计量经济回归分析。

实际应用需要检验空间滞后模型（Spatial Lag Model，SLM）或空间误差模型（Spatial Error Model，SEM）是否合适。根据 Anselin[68]（1999），使用 LM 值和 Robust LM 值进行判断。本研究使用邻接矩阵和反地理距离矩阵进行 LM 和 Robust LM 检验。根据表 3.6 中的结果，对于邻接矩阵和反地理距离矩阵，SLM 的 Robust LM 在 10% 的水平上不显著。相比之下，基于两个不同矩阵的 SEM 检验结果在 5% 的水平上显著。此外，豪斯曼检验结果显示，$P$ 值小于 1%，表明在 1% 的显著性水平上拒绝了随机效应的原假设。因此，选择固定效应 SEM 更为合理。

表 3.6 空间计量经济模型的 LM 检验

| 模型试验 | 测试 | 邻接矩阵 | | 反地理距离矩阵 | |
|---|---|---|---|---|---|
| | | 统计数据 | $P$ 值 | 统计数据 | $P$ 值 |
| SEM | 莫兰 I 指数 | 2.344 | 0.019 | 35000000 | 0.000 |
| | LM | 11.200 | 0.001 | 5.948 | 0.015 |
| | Robust LM | 4.284 | 0.038 | 4.666 | 0.031 |
| SLM | LM | 7.247 | 0.007 | 1.305 | 0.253 |
| | Robust LM | 0.331 | 0.565 | 0.024 | 0.877 |

利用邻接矩阵和反地理距离矩阵生成 SEM 的回归结果，见表 3.7。从 $R^2$ 和显著性分析来看，SEM 邻接权矩阵下的空间固定效应模型是分析五个因素对京津冀地区建筑业绿色发展水平的影响的最佳选择。结果表明，基于 SEM 空间固定效应模型，五个解释变量在 5% 的水平上统计显著。这一结果表明，这五个因素对建筑业绿色发展具有显著的正向影响。其中，科技创新投入（$tec$）、城市绿化水平（$gre$）、工业投资额（$ind$）、城市镇水平（$urb$）和劳动力水平（$lab$）等控制变量的系数均显著为正。这表明，科技创新投入、产业结构升级、劳动力集聚、区域城镇化水平和城市绿化水平的提高能够显著促进京津冀地区建筑业绿色发展水平的提高。在其他条件不变的情况下，$tec$，$gre$，$ind$，$urb$ 和 $lab$ 每增加 1%，建筑业绿色发展水平将分别提高 0.0472%、0.821%、0.215%、2.921% 和 0.00236%。SEM 的结果表明，$urb$ 对建筑业绿色发展水平的强化程度最大，其次是 $gre$ 和 $ind$。这一结论揭示了五个因素的平均影响程度，可为未来京津冀地区建筑业的绿色发展提供基准参考。

表 3.7 SEM 试验结果

| 变量 | 空间固定效应模型 | | 时间固定效应模型 | | 双固定效应模型 | |
|---|---|---|---|---|---|---|
| | 邻接矩阵 | 反地理距离矩阵 | 邻接矩阵 | 反地理距离矩阵 | 邻接矩阵 | 反地理距离矩阵 |
| $tec$ | 0.0472** | 0.0298 | −0.0890* | −0.0146 | −0.0329 | −0.0238 |
| | −3.06 | −0.9 | −2.17 | −0.55 | −1.15 | −1.15 |

续表

| 变量 | 空间固定效应模型 | | 时间固定效应模型 | | 双固定效应模型 | |
|---|---|---|---|---|---|---|
| | 邻接矩阵 | 反地理距离矩阵 | 邻接矩阵 | 反地理距离矩阵 | 邻接矩阵 | 反地理距离矩阵 |
| *gre* | 0.821 *** | 1.108 ** | 2.038 *** | 2.015 *** | −0.14 | 0.418 |
| | −5.2 | −3.26 | −15.86 | −12.14 | −0.42 | −1.14 |
| *ind* | 0.215 *** | 0.034 | 0.687 *** | 0.555 *** | 0.453 *** | 0.452 *** |
| | −4.74 | −0.38 | −6.41 | −6.66 | −5.81 | −6.7 |
| *urb* | 2.921 *** | 2.230 *** | 0.22 | 0.399 *** | −1.363 *** | −0.602 ** |
| | −18.2 | −6.31 | −1.94 | −6.39 | −5.25 | −2.72 |
| *lab* | 0.00236 *** | 0.00260 *** | −0.00169 ** | −0.000962 ** | −0.00262 *** | −0.00143 *** |
| | −7.38 | −4.79 | −3.01 | −3.11 | −6.64 | −4.98 |
| $\lambda$ | −1.500 *** | −0.756 *** | −1.997 *** | −0.993 *** | −1.990 *** | 0.0000630 ** |
| | −12.97 | −6.26 | −5233.12 | −18.76 | 1262.93 | −3.24 |
| Log-L | 51.9562 | 57.0551 | 152.0592 | 91.6121 | 157.5137 | 101.4012 |
| $R^2$ | 0.596 | 0.523 | 0.519 | 0.589 | 0.443 | 0.128 |

注:*** 表示 $p<0.01$,** 表示 $p<0.05$,* 表示 $p<0.1$。

京津冀地区建筑业绿色发展还存在明显的空间误差溢出效应。表3.7的结果显示,空间误差系数 $\lambda$ 为负,且通过了1%的显著性检验,这表明京津冀地区建筑业绿色发展水平在全球范围内呈现出不利的溢出效应。也就是说,如果一个城市的周边城市的经济发展实力是肌肉型的,那么周边城市的结构性误差冲击带来的溢出效应就会降低该城市的经济发展水平;反之亦然。这种结构性差异正是各城市在科技创新投入、工业投资额、城市绿化水平、劳动力水平、城镇化水平等方面差异的综合。这就意味着京津冀地区各城市在推进建筑业绿色发展的过程中,不仅要考虑自身科技创新投入、城市绿化水平、产业结构、劳动力集中度、城镇化水平等因素的影响,还要考虑周边城市建筑业绿色发展的影响以及其他一些因素。河北省周边城市资源禀赋和经济实力相近,导致建筑业绿色发展水平趋同,加剧了城市间劳动力、资源和技术的竞争。此外,部分城市为本地企业的发展设置了市场准入壁垒,这虽然有利于本地企业的创新发展,但限制了周边城市企业扩大生产的可能性。同时,由于政治地位、资金、技术、人才等原因,资源向京津地区倾斜,削弱了河北省部分城市建筑业的绿色发展。作为一个区域整体,京津冀地区下一步应在推动城市间建筑业协同绿色发展方面发挥更加积极的作用。

### 3.4.3 结论和建议

**1. 研究结论**

本文基于京津冀地区13个城市2010—2020年的面板数据,构建了建筑业绿色发展水平评价体系,并综合运用熵权-TOPSIS法、空间莫兰指数、SEM等方法,探讨了京津冀地区建筑业绿色发展水平的时空演变特征及影响因素。根据研究结果,得出以下结论。

(1)根据建筑业绿色发展水平的测算结果,2010—2020年13个城市建筑业绿色发展水平呈现上升与下降交替的规律，但总体上呈现逐步上升的趋势。虽然北京的建筑业绿色发展水平一直最高，但河北省秦皇岛和廊坊的建筑业绿色发展水平较高，天津和石家庄紧随其后，其他城市的建筑业绿色发展水平较低。同时，北京与京津冀地区其他城市的差距逐渐拉大，与建筑业绿色发展水平最低城市的差距由 2010 年的 0.230 扩大到 2020 年的 0.395。

（2）从空间特征来看，我国京津冀地区建筑业绿色发展水平形成了聚集型的空间自相关关系，整体空间分布格局呈现"中间高、边缘低"的空间分布特征。从局部来看，大部分城市的建筑业绿色发展水平处于低-高聚集状态。这说明京津冀地区建筑业绿色发展水平高城市的带动效应弱，建筑业绿色发展水平不均衡，大部分城市建筑业绿色发展水平有待提高。

（3）从 SEM 的回归结果来看，科技创新投入、城市绿化水平、工业投资额、城镇化水平、劳动力水平能够显著影响建筑业绿色发展水平。其中，城镇化率对建筑业绿色发展水平的影响最大，其次是建成区绿化率和建筑业总产值增量。但 SEM 的空间误差系数为负，说明京津冀地区城市间建筑业绿色发展具有负溢出效应。

**2. 建议**

京津冀地区建筑业绿色发展不平衡，应加强区域内城市间的合作与交流，充分发挥北京的带动作用。各城市也应采取相应的激励措施，为绿色建筑业的发展搭建良好的平台，调动各利益相关方的积极性，打破建筑业绿色发展不均衡的现状。通过经济辐射促进京津冀地区的经济协作至关重要，这种协作的重点应是加强对建筑业的投资，建立绿色发展产业链。此外，优先研发和推广使用绿色技术也是促进环境可持续发展的当务之急。通过促进绿色建筑业的发展，使建筑业的高质量发展与生态目标相一致，可以为未来可持续发展铺平道路。

河北省大部分地区建筑业绿色发展水平较低。建筑业绿色发展水平较高的地区应优化产业结构，制定区域政策，因地制宜制定合理的发展目标和任务，加强当地建筑市场体系建设，挖掘各地建筑业绿色发展潜力。石家庄应发挥省会城市的龙头作用，带动冀中南地区优化产业结构，促进产业集聚，大力发展循环经济。政府部门要通过示范项目和财政扶持政策，引导更多的市场经济主体和资金参与绿色建筑的开发和购买，结合具体的经济激励政策，调动市场主体的积极性，积极宣传和普及绿色建筑的标准和理念，以绿色建筑为契机，促进"双碳"目标的实现。同时，政府应采取激励和约束措施，建立绿色建筑监管体系和绿色建筑市场运行管理的长效机制，确保绿色建筑的质量和稳定有序的市场进程。

五个解释变量均对建筑业绿色发展起到积极的促进作用，其中城镇化率对建筑业绿色发展水平的影响最大，其次是建成区绿化率和建筑业总产值增量。城镇化可以加强人力资本投入，提高人们的科学文化素质和环保意识，促进技术聚集和产业结构优化，对建筑业绿色发展具有积极作用。城镇化是当前和今后一个时期我国建筑业发展的重要支撑，是实现可持续高质量发展的主要动力。因此，建筑业应抓住城镇化机遇，因地制宜推广绿色建筑应用技术，逐步提高绿色建材在城镇化建设中的比重。建立适合建筑业领域的碳排放交易机制和绿色金融政策，加快绿色金融机构信贷资金、碳金融、碳交易的市场化转型，拓宽融资渠道。此外，政府还应促进人口、资源、能源消费的空间集聚，使环保技术、资金、资源的投入形成规模效应，降低建筑业绿色发展的成本，促进减排的有效实施。

# 4 建筑业绿色化改造关键因素分析

## 4.1 通过文献分析识别绿色建筑发展影响因素

在全球资源紧缺的情况下，建筑业未来将会以绿色、节约型建筑为主。为探究影响绿色建筑业发展的因素，本文首先通过文献检索方式确定了政策型、经济型、技术型、社会型、管理型五类绿色建筑发展的影响因素，并通过 ISM-MICMAC 模型分析各影响因素之间的结构关系，获得直接、间接、根本影响因素，对建筑业绿色化改造有一定的实际指导意义。

### 4.1.1 建筑业绿色化改造影响因素指标体系的构建

通过在中国知网、Web of science 里检索"绿色建筑发展影响因素""绿色建筑发展驱动因素"等词语，搜索到 20 多篇有关绿色建筑发展影响因素的期刊文献。对这些文献进行分析研究，结合统计年鉴、专家咨询等，筛除掉其中影响较小的因素，并将语义重复的归为一类，最终得到建筑业绿色化改造影响因素，见表 4.1。

表 4.1　建筑业绿色化改造影响因素

| 一级指标 | 二级指标 |
|---|---|
| 政策型指标 | 激励政策 $S_1$ |
| | 立法数量 $S_2$ |
| | 绿色建筑宣传力度 $S_3$ |
| 经济型指标 | 居民生活水平 $S_4$ |
| | 绿色建筑增量成本 $S_5$ |
| | 绿色建筑融资风险 $S_6$ |
| 技术型指标 | 绿色建筑技术成本 $S_7$ |
| | 绿色建筑技术发展水平 $S_8$ |
| | 从业人员数量及专业素质 $S_9$ |

| 一级指标 | 二级指标 |
| --- | --- |
| 社会型指标 | 消费者对绿色建筑的认知和接受程度 $S_{10}$ |
| | 消费者的购买意愿 $S_{11}$ |
| | 社会绿色建筑需要 $S_{12}$ |
| 管理型指标 | 企业文化 $S_{13}$ |
| | 对绿色建筑的管理经验 $S_{14}$ |

（1）ISM 构建

ISM 以定性分析为主。该模型将分析的系统分解成各个要素，分析元素之间是否有二元关系，根据分析结果得出邻接矩阵，再通过布尔运算，判断元素之间是否存在最大通路，构建可达矩阵。然后进行区域划分、层级划分，根据划分结果绘制层次拓扑图。通过层次拓扑图可直观有效地看出系统各要素之间的因果关系、层次结构。

系统要素的集合表达式为 $S = \{S_1，S_2，S_3，S_4，S_5，S_6，S_7，S_8，S_9，S_{10}，S_{11}，S_{12}，S_{13}，S_{14}\}$

邻接矩阵 $A = (a_{ij})_{n \times n}$

$$a_{ij} = \begin{cases} 1，S_i \text{ 与 } S_j \text{ 有某种二元关系} \\ 0，S_i \text{ 与 } S_j \text{ 没有某种二元关系} \end{cases}$$

$$A = \begin{bmatrix} 0 & 0 & 0 & 0 & 0 & 0 & 0 & 0 & 0 & 0 & 0 & 0 & 0 & 0 \\ 0 & 0 & 0 & 0 & 0 & 0 & 0 & 0 & 0 & 0 & 0 & 0 & 0 & 1 \\ 0 & 0 & 0 & 0 & 0 & 0 & 0 & 1 & 1 & 1 & 0 & 0 & 1 & 0 \\ 0 & 0 & 0 & 0 & 0 & 0 & 0 & 0 & 0 & 0 & 1 & 0 & 0 & 0 \\ 0 & 0 & 0 & 0 & 0 & 0 & 0 & 0 & 0 & 1 & 0 & 0 & 0 & 0 \\ 1 & 0 & 0 & 0 & 1 & 0 & 0 & 0 & 0 & 0 & 0 & 0 & 0 & 0 \\ 0 & 0 & 0 & 0 & 1 & 1 & 0 & 0 & 0 & 0 & 0 & 0 & 0 & 0 \\ 0 & 0 & 0 & 0 & 0 & 0 & 0 & 0 & 1 & 0 & 0 & 0 & 0 & 0 \\ 0 & 0 & 0 & 0 & 0 & 0 & 1 & 0 & 0 & 0 & 0 & 1 & 0 & 0 \\ 0 & 0 & 0 & 0 & 0 & 0 & 0 & 0 & 1 & 0 & 0 & 0 & 0 & 0 \\ 0 & 0 & 0 & 0 & 0 & 0 & 0 & 0 & 0 & 0 & 0 & 0 & 0 & 0 \\ 1 & 1 & 1 & 0 & 0 & 0 & 0 & 1 & 1 & 0 & 0 & 0 & 1 & 0 \\ 0 & 0 & 0 & 0 & 0 & 0 & 0 & 0 & 0 & 0 & 0 & 0 & 0 & 0 \\ 0 & 0 & 0 & 0 & 0 & 0 & 0 & 0 & 0 & 0 & 0 & 0 & 0 & 0 \end{bmatrix}$$

在 $A$ 的基础上加单位矩阵，对 $A+E$ 进行若干次布尔运算，直到运算结果不变，即

$$(A+E)^{n-1} \neq (A+E)^n = (A+E)^{n+1}，n < 14$$

$$M = (m_{ij})_{n \times n}$$

$$m_{ij} = \begin{cases} 1，\text{存在 } i \text{ 到 } j \text{ 的最大通路} \\ 0，\text{不存在 } i \text{ 到 } j \text{ 的最大通路} \end{cases}$$

$$M=(A+E)^4=\begin{bmatrix} 1 & 0 & 0 & 0 & 0 & 0 & 0 & 0 & 0 & 0 & 0 & 0 & 0 & 0 \\ 0 & 1 & 0 & 0 & 0 & 0 & 0 & 0 & 0 & 0 & 0 & 0 & 0 & 1 \\ 0 & 0 & 1 & 0 & 0 & 0 & 0 & 1 & 1 & 1 & 1 & 0 & 1 & 0 \\ 0 & 0 & 0 & 1 & 0 & 0 & 0 & 0 & 0 & 0 & 1 & 0 & 0 & 0 \\ 0 & 0 & 0 & 0 & 1 & 0 & 0 & 0 & 0 & 0 & 1 & 0 & 0 & 0 \\ 1 & 0 & 0 & 0 & 1 & 1 & 0 & 0 & 0 & 0 & 1 & 0 & 0 & 0 \\ 1 & 0 & 0 & 0 & 1 & 1 & 1 & 0 & 0 & 0 & 1 & 0 & 0 & 0 \\ 0 & 0 & 0 & 0 & 0 & 0 & 0 & 1 & 0 & 1 & 1 & 0 & 0 & 0 \\ 0 & 0 & 0 & 0 & 0 & 0 & 0 & 1 & 1 & 1 & 1 & 0 & 1 & 0 \\ 0 & 0 & 0 & 0 & 0 & 0 & 0 & 0 & 0 & 1 & 1 & 0 & 0 & 0 \\ 0 & 0 & 0 & 0 & 0 & 0 & 0 & 0 & 0 & 0 & 1 & 0 & 0 & 0 \\ 1 & 1 & 1 & 0 & 0 & 0 & 0 & 1 & 1 & 1 & 1 & 1 & 1 & 1 \\ 0 & 0 & 0 & 0 & 0 & 0 & 0 & 1 & 1 & 1 & 1 & 0 & 1 & 0 \\ 0 & 0 & 0 & 0 & 0 & 0 & 0 & 0 & 0 & 0 & 0 & 0 & 0 & 1 \end{bmatrix}$$

设可达集为 $R(S_i)$，先行集为 $U(S_i)$，可达集和先行集的交集为共同集，记作 $C(S_i)$，起始集为 $B(S)=\{S_i \mid S_i \in S, C(S_i)=U(S_i), i=1, 2, \cdots, 14\}$。

以可达矩阵为基础，确定系统要素起始集 $B(S)$，根据起始集要素的可达集进行区域划分；根据 $C(S_i)=R(S_i)$ 这一条件，找出整个系统要素集合的最高层级要素，把这些最高层级要素去掉，再找出集合剩余要素里的最高层级要素，依此类推，直到确定最低一级要素集合。由于篇幅有限，这里只列举第一层级区域划分表，见表4.2。

表4.2  第一层级划分表

| $S_i$ | $R(S_i)$ | $U(S_i)$ | $C(S_i)$ | $B(S)$ | $C(S_i)=R(S_i)$ |
|---|---|---|---|---|---|
| $S_1$ | 1 | 1，6，7，12 | 1 | | √ |
| $S_2$ | 2，14 | 2，12 | 2 | | |
| $S_3$ | 3，8，9，10，11，13 | 3，12 | 3 | | |
| $S_4$ | 4，11 | 4 | 4 | 4 | |
| $S_5$ | 5，11 | 5，6，7 | 5 | | |
| $S_6$ | 1，5，6，11 | 6，7 | 6 | | |
| $S_7$ | 1，5，6，7，11 | 7 | 7 | 7 | |
| $S_8$ | 8，10，11 | 3，8，9，12，13 | 8 | | |
| $S_9$ | 8，9，10，11，13 | 3，9，12，13 | 9，13 | | |
| $S_{10}$ | 10，11 | 3，8，9，10，12，13 | 10 | | |
| $S_{11}$ | 11 | 3，4，5，6，7，8，9，10，11，12，13 | 11 | | √ |
| $S_{12}$ | 1，2，3，8，9，10，11，12，13，14 | 12 | 12 | 12 | |
| $S_{13}$ | 8，9，10，11，13 | 3，9，12，13 | 9，13 | | √ |
| $S_{14}$ | 14 | 2，12，14 | 14 | | |

根据层级划分结果，分层级将系统各要素排列好，最后得到绿色建筑发展影响因素的ISM，如图 4.1 所示。

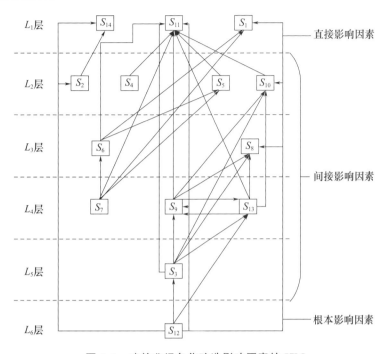

图 4.1 建筑业绿色化改造影响因素的 ISM

（2）ISM-MICMAC 模型构建

基于 ISM 构建过程中的可达矩阵，利用 MIC MAC 进一步分析系统各要素的地位和作用，根据驱动力、依赖性大小将各要素划分为 4 个因素集：自治因素集、依赖因素集、关联因素集、独立因素集。

依据 ISM 建立过程中构建的可达矩阵计算系统各要素的驱动力和依赖性，可达矩阵中，行代表因素的驱动力，列代表依赖性，计算结果见表 4.3。

表 4.3 影响因素的驱动力-依赖性数值

| 影响因素 | 驱动力 | 依赖性 |
|---|---|---|
| $S_1$ | 1 | 4 |
| $S_2$ | 2 | 2 |
| $S_3$ | 6 | 2 |
| $S_4$ | 2 | 1 |
| $S_5$ | 2 | 3 |
| $S_6$ | 4 | 2 |
| $S_7$ | 5 | 1 |
| $S_8$ | 3 | 5 |
| $S_9$ | 5 | 4 |

续表

| 影响因素 | 驱动力 | 依赖性 |
|---|---|---|
| $S_{10}$ | 2 | 6 |
| $S_{11}$ | 1 | 11 |
| $S_{12}$ | 10 | 1 |
| $S_{13}$ | 5 | 4 |
| $S_{14}$ | 1 | 3 |

以驱动力为纵轴、依赖性为横轴建立坐标系,将坐标系分为自治因素集、依赖因素集、关联因素集、独立因素集 4 个区域,并将表 4.3 的计算结果在坐标系中标出,如图 4.2 所示。

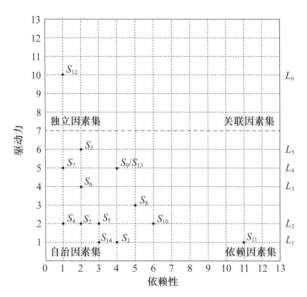

图 4.2　影响因素的 MICMAC 分析

### 4.1.2　结果分析

(1) ISM 分析

由图 4.1 可知,绿色建筑发展影响因素 ISM 是 1 个 6 级的层次拓扑结构,各层级系统要素之间相互联系。按照要素对绿色建筑发展的影响程度不同可以划分为 3 类:直接、间接和根本影响因素。直接影响因素包含 $L_1$ 层共 3 个影响因素,包括激励政策 $S_1$、消费者的购买意愿 $S_{11}$、对绿色建筑的管理经验 $S_{14}$。该层影响因素处于系统的顶层,当间接影响因素和根本影响因素解决时得以解决,也是该系统最终要实现的目标。激励政策直接关系到建设单位开发绿色建筑的积极性,直接影响绿色建筑的发展;消费者的购买意愿也直接影响绿色建筑的发展,绿色建筑的最终归宿是住户,决定它最终去向的是住户的购买意愿;以往我们对绿色建筑的了解少之又少,一般都集中于理论层面,很少涉及实际建设施工,因此对绿色建筑的管理经验也是绿色建筑发展的直接影响因素。

间接影响因素包含 $L_2 \sim L_5$ 层共 10 个影响因素。间接影响因素随根本影响因素的变化而变化，并向上传递给直接影响因素。$L_2$ 层有立法数量 $S_2$、居民生活水平 $S_4$、绿色建筑增量成本 $S_5$、消费者对绿色建筑的认知和接受程度 $S_{10}$ 4 个因素。立法数量增多，说明政府对绿色建筑足够重视，会让社会各界了解到绿色建筑，间接促进了它的发展；消费者对绿色建筑的认知和接受程度、居民生活水平直接影响他们的购买意愿，间接影响绿色建筑的发展；绿色建筑增量成本会提高价格，消费者根据自己的消费能力会考虑是否需要购买，间接制约其发展进度。$L_3$ 层包括绿色建筑融资风险 $S_6$、绿色建筑技术发展水平 $S_8$ 2 个因素。作为一种新的建设方式，绿色建筑的融资风险肯定会提高，导致产生增量成本，进而影响消费者的购买意愿，间接阻碍它的发展，但是相应地，政府也会出台激励政策以激励社会各界多关注绿色建筑项目；绿色建筑技术发展水平决定着绿色建筑的发展质量，间接影响了绿色建筑的发展。$L_4$ 层有 3 个因素，分别是绿色建筑技术成本 $S_7$、从业人员数量及专业素质 $S_9$、企业文化 $S_{13}$。绿色建筑技术成本提高直接导致整体增量成本提高、融资风险加大，从而导致消费者购买意愿降低，抑制了绿色建筑的发展；从业人员专业素质及企业文化之间相互影响，企业文化决定对从业人员专业知识的培训，从业人员专业素质又反过来影响企业文化，从业人员数量及专业素质和企业文化直接决定了绿色建筑技术的发展水平，技术发展水平提高则消费者对绿色建筑的接受程度提高，购买意愿也会提高，间接促进了绿色建筑的发展。$L_5$ 层只有绿色建筑宣传力度 $S_3$ 这个影响因素。政府对绿色建筑的宣传力度直接影响消费者的购买意愿、从业人员数量及专业素质、企业文化和消费者对绿色建筑的认知和接受程度，绿色建筑的发展水平很大程度上受政府对其宣传力度的影响。

根本影响因素包含 $L_6$ 层的社会绿色建筑需要 $S_{12}$。社会绿色建筑需要是绿色建筑发展水平的决定性因素，决定着绿色建筑发展的总体方向，作为底层因素，它又会直接或间接地影响其他因素，社会对绿色建筑的需求加大，会促使政府制定激励政策，加大对其的宣传力度，进而提高技术水平以及增大消费者对绿色建筑的认可程度，最终促进绿色建筑发展。

（2）MICMAC 分析

由图 4.2 可知，自治因素集包括 $S_1$、$S_2$、$S_3$、$S_4$、$S_5$、$S_6$、$S_7$、$S_8$、$S_9$、$S_{10}$、$S_{13}$、$S_{14}$，该区域的因素具有较低驱动力和依赖性，在 ISM 中一般位于中间层。其中，$S_3$ 驱动力相对较高，因此受其他因素影响较小，对其上层因素影响较大；$S_8$、$S_{10}$ 依赖性相对较大，对其他因素影响很小，分析结果与 ISM 分析结果基本相同，因此 $S_3$ 是绿色建筑发展的关键影响因素。

依赖因素集只有 $S_{11}$ 这个因素，该区域的因素具有较低驱动力和较高依赖性，是影响绿色建筑发展的直接因素，位于 ISM 的顶层，它的发展程度主要取决于其他因素的发展程度。在该系统中，消费者的购买意愿主要受居民生活水平、绿色建筑增量成本、消费者对绿色建筑的认知和接受程度等影响。

关联因素集中的因素具有较高驱动力和依赖性，受其他因素影响较大，也会对其他因素产生较大影响，极具不稳定性。本系统没有关联因素，因此系统较稳定。

独立因素集包含 $S_{12}$ 这个因素，独立因素一般位于 ISM 的底层，该区域的因素具有高驱动力、低依赖性，不受其他因素的影响，直接或间接影响其他因素，是系统目标的出发点，是绿色建筑发展的最根本、最深层的影响因素。

### 4.1.3　结论

通过文献研究及专家咨询法确定影响绿色建筑发展的 14 个因素，建立 ISM，从直接、间接、根本影响因素 3 个层面分析它们的相互关系和作用路径，并在可达矩阵的基础上进行分析。分析结果表明：社会绿色建筑需要是根本影响因素，需要重点关注；绿色建筑宣传力度、绿色建筑技术发展水平、消费者对绿色建筑的认知和接受程度等是间接影响因素；消费者的购买意愿是直接影响因素。

## 4.2　建筑业绿色转型升级的影响因素分析

### 4.2.1　建筑业绿色转型升级的行业影响因素

（1）所有制结构

关于所有制结构对建筑业绿色转型升级效果的影响作用，主要参考了肖国东[69]教授（2019）对此的认识，所有制结构可以测度市场的开放性，所有制结构的改变会对建筑业绿色转型升级效果产生多个层面的影响，合理的所有制结构可以使资源得到最优的分配，从而促进建筑业绿色转型升级。

（2）建筑业资产规模水平

关于建筑业资产规模水平对绿色转型升级的影响，主要借鉴 Gunardi[70]（2020）对建筑业资产规模的理解，建筑施工企业离不开机械设备的投入，而大多数高技术、性能强且环保的设备的购置成本较高，导致建筑业固定资产规模庞大，但建筑业绿色转型升级离不开机械设备与生产线的更新改造，因此合理的资产规模水平有利于建筑业绿色转型升级。

（3）建筑企业平均规模水平

关于建筑企业平均规模水平对建筑业绿色转型升级的影响，学者们有不同的见解。多数学者认为较大的规模既有利于建筑企业自身的监管与污染治理，也有利于其自身的专业化水平和生产效率，而中小建筑企业的资源过度碎片化，不利于阶梯式能源、材料的使用以及环境友善的管理。但师萍等[71]（2010）认为，随着建筑企业平均规模水平的增加，多数企业往往忽略管理水平与经营水平的同步提升，导致能源与物料的浪费加剧。只有当具备一定规模时，建筑企业才有基础和空间来实现周期性效益，进而有利于建筑业绿色转型升级。此外，张瑞志[72]（2020）的研究结果表明，提升行业企业平均规模，进而推动中小企业的发展，从而避免产业资源过度集中于大型企业，在一定程度上有利于建筑业的绿色转型升级，进而降低区域的差异性。

### 4.2.2　建筑业绿色转型升级的宏观经济影响因素

根据建筑业绿色转型升级概念，考虑建筑业绿色转型升级的影响因素不仅局限于其行业自身影响因素，还包括外部宏观经济影响因素，如环境规制、对外开放、人力资本、区域技术创新等影响因素。

（1）环境规制

为了保护环境，国家对公众造成环境污染的各种行为进行管制，统称为"环境规制"。环境规制对建筑业绿色转型升级的影响主要体现在国家政策和制度方面。对于建筑业而言，其环境规制可以归纳为绿色财政政策、节能减排政策等，具体见表4.4。据此，借鉴Luo Yusen等[73]（2022）与Zhong Cheng等[74]（2023）在"波特假说"基础上的研究结果，即加强环境规制能够利用技术补偿效应，激励企业在新设备、新工艺上进行投资，加速技术创新，提升生产效率，抵消环境规制可能带来的成本，进而提升企业技术创新能力。

表4.4  绿色财政政策、节能减排政策等环境规制

| 建筑产业化（节材低碳） | 建筑信息化（绿色财政） | 建筑绿色化（节能减排） |
| --- | --- | --- |
| 《关于推进建筑业发展和改革的若干意见》（2014年）《国务院办公厅关于大力发展装配式建筑的指导意见》（2016年） | 《2011—2015年建筑业信息化发展纲要的通知》（2010年）《建筑施工企业信息化评价标准》（JGG/T 272—2012）（2011年） | 政策指导类《"十二五"绿色建筑和绿色生态城区发展规划》（2013年）《被动式超低能耗绿色建筑技术导则（试行）（居住建筑）》（2015年） |
| 《"十三五"装配式建筑行动方案》（2017年）《装配式建筑示范城市管理办法》（2017年）《装配式建筑产业基地管理办法》（2017年） | 《关于推进建筑信息模型应用的指导意见》（2015年）《2016—2020年建筑业信息化发展纲要》（2016年） | 《绿色建材评价技术导则》（2015年）材料管理类《绿色建材评价标识管理办法实施细则》（2015年）技术标准类《绿色数据中心建筑评价技术细则》（2015年） |

（2）对外开放

在经济全球化与金融化背景下，对外开放对建筑业绿色转型升级的影响主要体现在进出口贸易与外商投资两方面。在进出口贸易方面，Timsina Ritu Raj[75]（2022）的研究发现，以跨国公司为承运人向国内进口相对先进的设备与技术，可以促使我国建筑企业在不断吸收中模仿创新，从而提升了建筑业整体技术水平。另外，韩琳琳等[76]（2011）通过研究进出口贸易对我国建筑业的影响发现，拓展出口有利于建筑企业扩大生产规模，进而通过规模经济效应，推动资源利用最大化和增强企业自主创新积极性，最终促进建筑业绿色转型升级。在外商投资方面，外商企业加大对我国建筑业投资，可能会刺激国内企业的技术创新，同时也可能因国外环境政策的严格性和个别国家的恶意针对，导致高能耗、高污染的技术设备转移到国内，从而造成严重环境污染。

（3）人力资本

人力资本指的是非物质资本，它是体现在劳动者身上的资本，劳动者所具有的知识技能、文化技术水平以及身体健康状况等都属于人力资本。我国建筑业从劳动密集型向技术密集型转型，这需要发展建造科技，而建造科技的发展需要众多建筑企业的投入和科研人员的参与，加大人力资本的投入更能有效推进全球价值链视角下的建筑业绿色转型升级。因此，人力资本对建筑业绿色转型升级效果将产生极大的影响。从长远发展的眼光来看，人力资本的增加具有深远意义，在科学技术不断进步的时代，建筑业要想跟上时代发展的节奏，就必须不断地学习进步，提高技术水平。此外，人力资本和技术创新的共同存在是

推动地区建筑业绿色转型升级的必要条件。一方面，以创新人才为本促进了大型企业的技术进步，而人才的流动实现了技术转移和扩散，另一方面，高技能、高水准的人力为企业创造了先进的管理理念，通过企业组织结构和制度的结合，为技术创新提供了系统性保障，降低了营运成本。

（4）区域技术创新

关于区域技术创新对建筑业绿色转型升级效果的影响，绝大多数学者的理解是：技术创新是建筑业实现绿色转型升级的手段，且是重中之重。在建筑业绿色转型升级实现路径中需要装配式等技术满足建筑业发展的要求。行业内的技术创新是转型升级的根本驱动力之一，同时也要求区域技术创新达到与之匹配的水平，满足其技术进步的发展要求。在经济全球化时代，提升技术水平的路径主要有创新、扩散、转移与引进技术三种。魏蒙等[77]（2017）认为更高的创新投资会使研发活动拥有更充足的资源，从而提升企业的自主创新能力，加快研发进程，提升创新投入与成果产出转化效率。建筑企业的技术创新产出成果不仅反映了技术创新活动中科技成果的研发情况，还体现了通过技术创新获得的经济及社会效益。

### 4.2.3 结论

基于以上特征分析和大量文献参考，分析影响建筑业绿色转型升级的主要因素。行业影响因素包括所有制结构、建筑业资产规模水平和建筑企业平均规模水平。外部宏观经济影响因素包括环境规制、对外开放、人力资本与区域技术创新等。

## 4.3 开发商绿色建筑开发意愿的影响因素

本节通过计划行为理论找到开发商绿色建筑开发意愿的影响因素，根据效度分析将其聚类到经济、消费者、政策以及市场四个维度。基于调查问卷数据，运用结构方程模型、解释结构模型构建绿色建筑开发意愿的驱动力模型，确定开发意愿的关键驱动力和驱动路径，并提出有针对性的对策。

### 4.3.1 基于计划行为理论的影响因素筛选

（1）行为态度影响因素

行为态度指个人对行为后果进行概念化评价后产生的态度，评价结果通过影响个人态度进而影响行为意愿[78]。开发商以营利为目的开展生产经营活动，成本和收益是开发商对绿色建筑进行评价的关键内容[79]。此外，评价内容还包括能反映绿色建筑项目投资回收速度的投资回收期，以及决定项目盈利状况的绿色建筑销售情况[80-81]。因此，上述因素是影响行为态度的重要因素。

率先建设绿色建筑的开发商会提前占据绿色建筑市场，成为市场的领先者[82]，也会通过提高建筑性能而提升其品牌形象[83]，开发商在评价后会认为绿色建筑能通过提高市场份额和品牌形象带来更高利润。该评价结果有助于开发商对绿色建筑持有积极的态度。因此，上述因素是影响行为态度的重要因素。

将行为态度的影响因素依次编号为 $S_i$，$i \in [1，5]$，得到开发商绿色建筑开发意愿的行为态度影响因素构成，如图 4.3 所示。

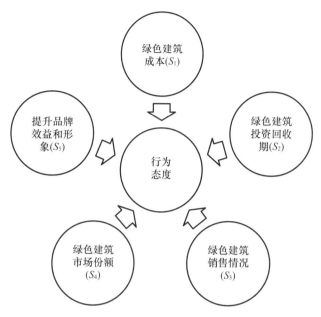

**图 4.3 开发商绿色建筑开发意愿的行为态度影响因素构成**

（2）主观规范影响因素

主观规范指个人在进行某一行为时感觉到的社会压力，行为意愿随社会压力的增大而增强[80]。消费者对绿色建筑的需求越大，开发商所面对的、来自消费者的压力也就越大，进而影响其开发意愿[84]。而消费者对绿色建筑的需求取决于其对建筑舒适度和节能程度的要求、对绿色建筑售价的负担能力及对绿色建筑的认知度和认可度[85-86]，因此，上述因素是影响主观规范的重要因素。

政府与开发商之间存在"刺激—响应"的行为模式，政府的强制性政策会给开发商带来压力，促使其进行决策转变[87]。政策的合理性、可行性以及政策的完善度、执行力度能确保开发商受到相关政策的压力[88]。因此，上述因素通过向开发商施压，迫使其提升开发意愿，是影响主观规范的重要因素。

将上述影响因素依次编号为 $S_i$，$i \in [6，12]$，得到开发商绿色建筑开发意愿的主观规范影响因素构成，如图 4.4 所示。

（3）知觉行为控制影响因素

知觉行为控制指个人在做出某一行为时认为自己面临的阻碍少、机遇多，这样的认知有助于行为意愿的增强[89]。经济性激励措施可对绿色建筑的增量成本进行弥补，如简化手续流程等非经济性激励措施可以缩短开发周期，降低时间成本[90]。这些激励措施通过降低成本来降低开发商对绿色建筑开发阻碍的顾虑，进而提升其开发意愿。

市场环境是开发商风险评估的重要内容[91]。市场对绿色建筑认可度的提高会使开发商认为开发阻碍较少；建筑业发展水平较高的地区，市场环境更成熟，开发商面对开发过程中的阻碍和机遇的态度更积极。此外，社会对绿色建筑的宣传有助于绿色文化的形成，既能影响消费者的消费倾向，又有助于市场环境的改善，从而使开发商认为开发机遇较多[92]。因此，上述因素是影响知觉行为控制的重要因素。

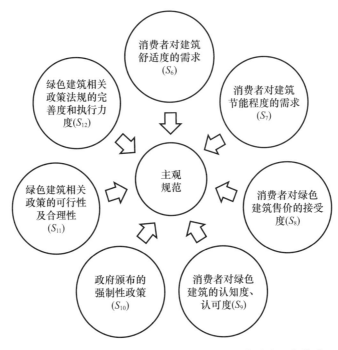

图 4.4　开发商绿色建筑开发意愿的主观规范影响因素构成

将上述因素依次编号为 $S_i$，$i \in$ ［13，17］，得到开发商绿色建筑开发意愿的知觉行为控制影响因素构成，如图 4.5 所示。

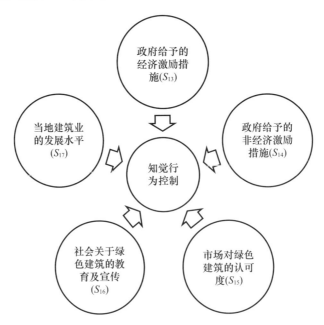

图 4.5　开发商绿色建筑开发意愿的知觉行为控制影响因素构成

综上所述，基于计划行为理论的开发商绿色建筑开发意愿影响因素体系如图 4.6 所示。

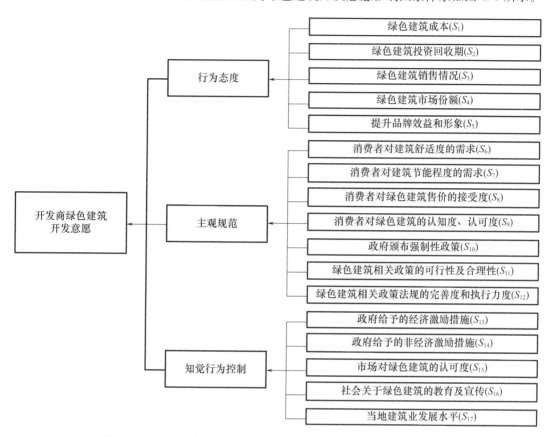

图 4.6 基于计划行为理论的开发商绿色建筑开发意愿影响因素体系

除上述影响因素外，绿色建筑技术作为实现绿色建筑的关键手段，也是影响开发商开发意愿的因素。目前绿色建筑技术尚不成熟，往往需要开发商投入更多的人力、物力、财力。换言之，对于发商来说，绿色建筑技术是为实现绿色建筑而增加投资的部分内容。因此，本文并未单独对绿色建筑技术进行分析，而是将技术因素的影响通过经济性因素体现。

## 4.3.2 开发商绿色建筑开发意愿实证分析

本文通过发放调查问卷收集实证研究所需数据。为得到开发商绿色建筑开发意愿影响因素的驱动模型，首先用 SPSS 软件对问卷数据进行信度、效度以及相关性分析，其次运用 AMOS 软件通过结构方程模型得出影响因素间的推动关系，最后运用解释结构模型构建影响因素的驱动模型。

### 1. 问卷设计与收集

根据图 4.6 所示影响因素体系和专家意见设计问卷，完善后发放给工作/专业为建筑工程/绿色建筑工程的专业人士。问卷中影响因素相关问题以利克特五级量表为依据，将影响程度分为"影响很大""影响较大""影响一般""影响不大""无影响"。调查问卷详见附录。

本次共发放问卷 405 份，剔除无效问卷后得到有效问卷 338 份，有效回收率为 83.5%。调查对象中 87.9% 的人员年龄在 20～40 岁，代表建筑业的中坚力量。调查对象中学历在本科以上的占 94.0%，学历在硕士以上的占 47.6%，高级知识分子占比高达近 1/2，可保证样本内容的可信度。问卷发放所涉及单位主要是开发方，还涵盖了设计方、施工方及咨询方等，符合建筑业实际情况。总体来说，样本满足本次研究的基本要求。

**2. 数据分析**

（1）信度和效度检验

① 信度检验。

首先通过测算克龙巴赫 $\alpha$ 系数来检测数据是否可靠。表 4.5 中，数据的克龙巴赫 $\alpha$ 系数为 0.948，大于最低信度所要求的 0.6，表明数据满足可靠性要求。其次通过 $KMO$（Kaiser，Meyer，Olkin）统计量分析和 Bartlett 球度分析来检测问卷的结构。表 4.6 中，$KMO$ 值为 0.939，$sig$ 值为 0.000，表明问卷结构满足信度检验的要求。综上，数据的信度检验结果良好。

表 4.5　克龙巴赫 $\alpha$ 系数

| 数量 $N$（个） | 系数值 |
| --- | --- |
| 17 | 0.948 |

表 4.6　$KMO$ 统计量和 Bartlett 球形度检验分析结果

| 取样足够度的 $KMO$ 度量 | | 0.939 |
| --- | --- | --- |
| Bartlett 的球形度检验 | 近似卡方 | 5 690.063 |
| | 自由度 | 190 |
| | $sig$ | 0.000 |

② 效度检验。

进行主成分抽取分析时发现，数据主成分为四个时旋转平方和累计值最高，为 74.37%，这表明从四个层面来分析数据效果是最好的。因此，将影响因素分为四类。

由表 4.7 可知，影响因素 $S_1$、$S_2$、$S_3$ 属于成分 1，分别为绿色建筑成本、绿色建筑投资回收期以及绿色建筑销售情况，能体现绿色建筑的经济性，将 $S_1$、$S_2$、$S_3$ 聚类为经济影响因素。

影响因素 $S_6$、$S_7$、$S_8$、$S_9$ 属于成分 2，分别为消费者对建筑舒适度的要求、消费者对建筑节能程度的要求、消费者对绿色建筑售价的接受度及消费者对绿色建筑的认知度、认可度，能体现消费者对开发商绿色建筑开发意愿的影响，将 $S_6$、$S_7$、$S_8$、$S_9$ 聚类为消费者影响因素。

影响因素 $S_{10}$、$S_{11}$、$S_{12}$、$S_{13}$、$S_{14}$ 属于成分 3，分别为政府颁布强制性政策、绿色建筑相关政策的可行性及合理性、绿色建筑相关政策法规的完善度和执行力度、政府给予的经济激励措施及政府给予的非经济激励措施，能体现宏观政策对开发商绿色建筑开发意愿的影响，将 $S_{10}$、$S_{11}$、$S_{12}$、$S_{13}$、$S_{14}$ 聚类为政策影响因素。

影响因素 $S_4$、$S_5$、$S_{15}$、$S_{16}$、$S_{17}$ 属于成分 4，分别为绿色建筑市场份额、提升品牌效益和形象、市场对绿色建筑的认可度、社会关于绿色建筑的教育宣传、当地建筑业发展水平，能体现市场对开发商绿色建筑开发意愿的影响，将 $S_4$、$S_5$、$S_{15}$、$S_{16}$、$S_{17}$ 聚类为市场影响因素。

表 4.7  主成分抽取分析的结果

| | 成分 1 | 成分 2 | 成分 3 | 成分 4 |
|---|---|---|---|---|
| $S_2$ | 0.830 | — | — | — |
| $S_1$ | 0.817 | — | — | — |
| $S_3$ | 0.595 | — | — | — |
| $S_6$ | — | 0.833 | — | — |
| $S_7$ | — | 0.797 | — | — |
| $S_8$ | — | 0.749 | — | — |
| $S_9$ | — | 0.738 | — | — |
| $S_{13}$ | — | — | 0.766 | — |
| $S_{14}$ | — | — | 0.761 | — |
| $S_{10}$ | — | — | 0.747 | — |
| $S_{11}$ | — | — | 0.641 | — |
| $S_{12}$ | — | — | 0.620 | — |
| $S_{15}$ | — | — | — | 0.758 |
| $S_5$ | — | — | — | 0.754 |
| $S_{16}$ | — | — | — | 0.751 |
| $S_4$ | — | — | — | 0.687 |
| $S_{17}$ | — | — | — | 0.655 |

最终，得到符合效度分析结果的开发商绿色建筑开发意愿影响因素体系，如图 4.7 所示。

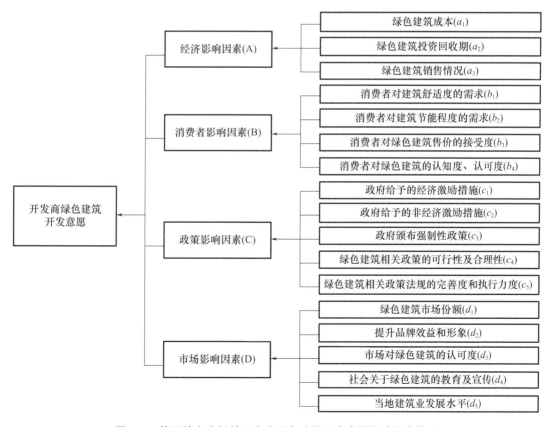

图 4.7  基于效度分析的开发商绿色建筑开发意愿影响因素体系

（2）相关性分析

为避免环式结构的出现，得到更为有效的驱动关系[93]，本研究利用具有推动关系的两因素必然具有相关性这一特征，首先运用 SPSS 软件进行皮尔逊（Pearson）相关性分析，筛选后留下相关性较强的假设进行分析，在提高驱动关系有效性的同时降低了构建结构方程模型的复杂程度。将分析结果中的相关程度按绝对值大小排序，并剔除相关性小的假设，最终得到结构方程模型所需假设，见表 4.8。

**表 4.8　基于相关性的因素间推动关系保留情况**

| 因素一 | 因素二 | 因素一 | 因素二 | 因素一 | 因素二 | 因素一 | 因素二 | 因素一 | 因素二 |
|---|---|---|---|---|---|---|---|---|---|
| $a_1$ | $a_2$ | $b_3$ | $c_4$ | $c_2$ | $c_4$ | $c_4$ | $c_5$ | $d_3$ | $d_1$ |
| | $a_3$ | | $c_5$ | | $c_5$ | | $c_1$ | | $d_2$ |
| | $c_3$ | | $d_3$ | | $d_1$ | $c_4$ | $c_5$ | | $b_4$ |
| $a_3$ | $a_2$ | $b_4$ | $b_1$ | | $d_2$ | | $d_1$ | $d_4$ | $d_1$ |
| $b_1$ | $b_2$ | | $b_2$ | | $c_1$ | | $d_4$ | | $d_2$ |
| | $b_3$ | | $b_3$ | | $c_2$ | | $b_4$ | | $d_3$ |
| | $c_2$ | | $c_2$ | $c_5$ | $c_4$ | | $d_1$ | | $d_1$ |
| | $d_1$ | | $c_5$ | | $c_5$ | | $d_4$ | | $d_2$ |
| $b_2$ | $b_3$ | $c_1$ | $d_1$ | | $d_1$ | | $d_5$ | $d_5$ | $d_3$ |
| | $c_2$ | | $d_2$ | | $d_2$ | | $d_1$ | | $d_4$ |
| | $c_4$ | | $d_3$ | $d_2$ | $c_4$ | | | | |
| | $d_1$ | | $d_5$ | | | | | | |

（3）开发商绿色建筑开发意愿影响因素驱动关系

本研究运用结构方程模型中的结构模型来分析开发商绿色建筑开发意愿影响因素间的驱动关系。将表 4.8 中的假设输入 AMOS 软件，通过结构方程模型进行分析，保留结果中检验值小于 0.05 的推动关系。检验值小于 0.05 表示推动关系通过假设检验的概率大于 95％。筛选后得到的推动关系情况见表 4.9。

**表 4.9　开发商绿色建筑开发意愿影响因素推动关系情况**

| 序号 | 推动因素 | 被推动因素 | 检验值 | 序号 | 推动因素 | 被推动因素 | 检验值 |
|---|---|---|---|---|---|---|---|
| 1 | $a_1$ | $a_2$ | 0.016 | 11 | $b_4$ | $b_2$ | * |
| 2 | $a_3$ | $u_2$ | 0.039 | 12 | $c_1$ | $b_3$ | * |
| 3 | $b_1$ | $a_1$ | 0.014 | 13 | $c_1$ | $c_4$ | 0.020 |
| 4 | $b_1$ | $a_3$ | * | 14 | $c_1$ | $d_2$ | 0.016 |
| 5 | $b_2$ | $a_1$ | * | 15 | $c_3$ | $b_4$ | * |
| 6 | $b_3$ | $a_3$ | 0.006 | 16 | $c_3$ | $d_4$ | 0.041 |
| 7 | $b_3$ | $c_2$ | 0.004 | 17 | $c_4$ | $d_1$ | * |
| 8 | $b_3$ | $d_1$ | * | 18 | $c_4$ | $d_5$ | 0.020 |
| 9 | $b_3$ | $d_3$ | 0.018 | 19 | $c_5$ | $b_4$ | 0.041 |
| 10 | $b_4$ | $b_1$ | * | 20 | $c_5$ | $c_4$ | * |

| 序号 | 推动因素 | 被推动因素 | 检验值 | 序号 | 推动因素 | 被推动因素 | 检验值 |
|---|---|---|---|---|---|---|---|
| 21 | $c_5$ | $d_2$ | * | 28 | $d_4$ | $b_1$ | 0.045 |
| 22 | $c_5$ | $d_4$ | 0.014 | 29 | $d_4$ | $b_2$ | 0.016 |
| 23 | $d_1$ | $a_3$ | 0.025 | 30 | $d_4$ | $b_3$ | * |
| 24 | $d_2$ | $c_2$ | 0.034 | 31 | $d_4$ | $b_4$ | * |
| 25 | $d_2$ | $d_1$ | * | 32 | $d_4$ | $d_1$ | 0.050 |
| 26 | $d_2$ | $d_3$ | 0.002 | 33 | $d_4$ | $d_2$ | 0.044 |
| 27 | $d_3$ | $a_3$ | 0.024 | 34 | $d_5$ | $a_3$ | 0.022 |

注:"*"代表检验值小于 0.001,精度不足无法显示。

（4）开发商绿色建筑开发意愿影响因素驱动模型

本研究通过解释结构模型对结构方程模型所得推动关系进行系统整理,得到开发商绿色建筑开发意愿的关键驱动力和驱动路径。为此,首先建立邻接矩阵 $F$。

$$F=\begin{bmatrix}
1 & 1 & 0 & 0 & 0 & 0 & 0 & 0 & 0 & 0 & 0 & 0 & 0 & 0 & 0 & 0 & 0 & 0 \\
0 & 1 & 0 & 0 & 0 & 0 & 0 & 0 & 0 & 0 & 0 & 0 & 0 & 0 & 0 & 0 & 0 & 0 \\
0 & 1 & 1 & 0 & 0 & 0 & 0 & 0 & 0 & 0 & 0 & 0 & 0 & 0 & 0 & 0 & 0 & 0 \\
1 & 0 & 1 & 1 & 0 & 0 & 0 & 0 & 0 & 0 & 0 & 0 & 0 & 0 & 0 & 0 & 0 & 0 \\
1 & 0 & 0 & 0 & 1 & 0 & 0 & 0 & 0 & 0 & 0 & 0 & 0 & 0 & 0 & 0 & 0 & 0 \\
0 & 0 & 1 & 0 & 0 & 1 & 0 & 1 & 0 & 0 & 0 & 0 & 0 & 1 & 0 & 0 & 0 & 0 \\
0 & 0 & 0 & 1 & 1 & 0 & 1 & 0 & 0 & 0 & 0 & 0 & 0 & 0 & 0 & 0 & 0 & 0 \\
0 & 0 & 0 & 0 & 0 & 1 & 0 & 1 & 0 & 1 & 0 & 0 & 0 & 0 & 0 & 0 & 0 & 0 \\
0 & 0 & 0 & 0 & 0 & 0 & 0 & 0 & 1 & 0 & 0 & 0 & 0 & 0 & 0 & 0 & 0 & 0 \\
0 & 0 & 0 & 0 & 0 & 0 & 1 & 0 & 0 & 1 & 0 & 0 & 0 & 0 & 0 & 0 & 0 & 0 \\
0 & 0 & 0 & 0 & 0 & 0 & 0 & 0 & 0 & 1 & 0 & 1 & 0 & 0 & 0 & 0 & 0 & 1 \\
0 & 0 & 0 & 0 & 0 & 0 & 0 & 0 & 1 & 1 & 0 & 0 & 0 & 0 & 0 & 0 & 0 & 0 \\
0 & 0 & 1 & 0 & 0 & 0 & 0 & 0 & 0 & 0 & 1 & 0 & 1 & 0 & 0 & 0 & 0 & 0 \\
0 & 0 & 0 & 0 & 0 & 0 & 0 & 0 & 0 & 0 & 1 & 1 & 1 & 0 & 0 & 0 & 0 & 0 \\
0 & 0 & 0 & 0 & 0 & 0 & 0 & 0 & 0 & 0 & 0 & 0 & 0 & 1 & 0 & 0 & 0 & 0 \\
0 & 0 & 0 & 1 & 1 & 1 & 1 & 0 & 0 & 0 & 0 & 0 & 1 & 1 & 0 & 1 & 0 & 0 \\
0 & 0 & 1 & 0 & 0 & 0 & 0 & 0 & 0 & 0 & 0 & 0 & 0 & 0 & 0 & 0 & 0 & 1
\end{bmatrix}$$

其中,$f_{ij}$ 满足公式（4.1）,$i$ 和 $j$ 满足 $i,j \in \{a_1 \sim a_3, b_1 \sim b_4, c_1 \sim c_3, d_1 \sim d_5\}$

$$\begin{cases} f_{ij}=1, i\ 与\ j\ 有推动关系 \\ f_{ij}=0, i\ 与\ j\ 无推动关系 \end{cases} \tag{4.1}$$

其次,运用布尔运算法则得到体现因素间接影响关系的 $M$,$M$ 满足公式（4.2）。

$$M=(F+I)^{n+1}=(F+I)^n \neq (F+1)^{n-1} \neq E+I \tag{4.2}$$

以可达矩阵为基础,令矩阵中各行元素为 1 的因素构成集合 $K$,令矩阵中各列元素为 1 的因素构成集合 $X$,得到影响因集合,见表 4.10。

表 4.10　开发商绿色建筑开发意愿影响因素集合

| 影响因素 | $K$ | $X$ | $K \cap X$ |
|---|---|---|---|
| $a_1$ | $a_1$，$a_2$ | $a_1$，$b_1$，$b_2$ | $a_1$ |
| $a_2$ | $a_2$ | $a_1$，$a_2$，$a_3$ | $a_2$ |
| $a_3$ | $a_2$，$a_3$ | $a_3$，$b_1$，$b_3$，$d_1$，$d_3$，$d_5$ | $a_3$ |
| $b_1$ | $a_1$，$a_3$，$b_1$ | $b_1$，$b_4$，$d_4$ | $b_1$ |
| $b_2$ | $a_1$，$b_2$ | $b_2$，$b_4$，$d_4$ | $b_2$ |
| $b_3$ | $a_3$，$b_3$，$c_2$，$d_1$，$d_3$ | $b_3$，$c_1$，$d_4$ | $b_3$ |
| $b_4$ | $b_1$，$b_2$，$b_4$ | $b_4$，$c_3$，$c_5$，$d_4$ | $b_4$ |
| $c_1$ | $b_3$，$c_1$，$c_4$，$d_2$ | $c_1$ | $c_1^*$ |
| $c_2$ | $c_2$ | $b_3$，$c_2$，$d_2$ | $c_2$ |
| $c_3$ | $b_4$，$c_3$，$d_4$ | $c_3$ | $c_3^*$ |
| $c_4$ | $c_4$，$d_1$，$d_5$ | $c_4$，$c_5$ | $c_4$ |
| $c_5$ | $b_4$，$c_4$，$c_5$，$d_2$，$d_4$ | $c_5$ | $c_5^*$ |
| $d_1$ | $a_3$，$d_1$ | $b_3$，$c_4$，$d_1$，$d_2$，$d_4$ | $d_1$ |
| $d_2$ | $c_2$，$d_1$，$d_2$，$d_3$ | $c_1$，$c_5$，$d_2$，$d_4$ | $d_2$ |
| $d_3$ | $a_3$，$d_3$ | $b_3$，$d_2$，$d_3$ | $d_3$ |
| $d_4$ | $b_1$，$b_2$，$b_3$，$b_4$，$d_1$，$d_2$，$d_4$ | $c_3$，$c_5$，$d_4$ | $d_4$ |
| $d_5$ | $a_3$，$d_5$ | $c_4$，$d_5$ | $d_5$ |

注：集合 $K \cap X$ 中，右上角标记 * 表示集合 $X$ 与集合 $K \cap X$ 相等。

随后根据表 4.10 进行层次划分。首先筛选出 $X \subseteq K$ 的因素，构成影响因素体系的第一层级，由此得到的第一层级影响因素是驱动体系中的最深层因素。第一层级影响因素确定后，将第一层级影响因素所属的行元素和列元素删掉，继续筛选 $X \subseteq K$ 的因素，得到模型的第二层级。以此类推，逐步对各影响因素进行筛选，最终将 17 个影响因素划分为六级，见表 4.11。

表 4.11　开发商绿色建筑开发意愿影响因素层级表

| 层级 | 影响因素 |
|---|---|
| 第一层级 | 政府颁布强制性政策（$c_3$）、政府给予的经济激励措施（$c_1$）、绿色建筑相关政策法规的完善度和执行力度（$c_5$） |
| 第二层级 | 社会关于绿色建筑的教育及宣传（$d_4$） |
| 第三层级 | 消费者对绿色建筑售价的接受度（$b_3$）、消费者对绿色建筑的认知度、认可度（$b_4$）、绿色建筑相关政策的可行性及合理性（$c_4$）、提升品牌效益和形象（$d_2$） |
| 第四层级 | 消费者对建筑舒适度的需求（$b_1$）、消费者对建筑节能程度的需求（$b_2$）、政府给予的非经济激励措施（$c_2$）、绿色建筑市场份额（$d_1$）、市场对绿色建筑的认可度（$d_3$）、当地建筑业发展水平（$d_5$） |
| 第五层级 | 绿色建筑成本（$a_1$）、绿色建筑销售情况（$a_3$） |
| 第六层级 | 绿色建筑投资回收期（$a_2$） |

对表 4.11 中的影响因素层级进行整理，得到开发商绿色建筑开发意愿影响因素驱动模型，如图 4.8 所示。通过可达矩阵对影响因素进行层次划分，能保证模型中的因素只对

其下一级以及下下级的因素产生推动作用。为保证所得驱动模型更清晰直观，推动关系的箭头并不跨级指向，对于跨级推动的情况，将上一级因素自然带入下一级中，再描述其推动关系。

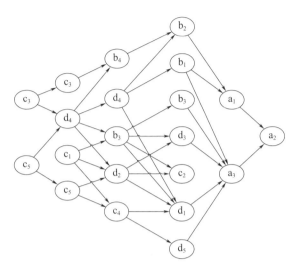

**图 4.8 开发商绿色建筑开发意愿影响因素驱动模型**

### 4.3.3 开发商绿色建筑开发意愿驱动力分析

**1. 因素层面的分析**

（1）深层驱动力

从开发商绿色建筑开发意愿影响因素驱动模型可知，政府颁布强制性政策、政府给予的经济激励措施以及绿色建筑相关政策法规的完善度和执行力度处于驱动模型的根部，是推广绿色建筑进而实现"双碳"目标的深层驱动因素。除直接影响外，上述因素还会通过作用于其他因素来影响开发商绿色建筑开发意愿，因此要增强其开发意愿，须充分发挥深层驱动力的推动作用。

目前，我国有《绿色建筑评价标准》（GB/T 50378—2019）等相关标准文件，但这些仅是规范性文件，不具有强制性。为增强开发商绿色建筑开发意愿，政府需完善相关法律法规体系，通过法律的不可违抗性来保证政策的强制性。可以对新的法律制度采用"试点先行"的举措，在实践中总结、整改，保证制度的完善度和执行力度。

（2）直接驱动力

从开发商绿色建筑开发意愿影响因素驱动模型可知，绿色建筑投资回收期是最外层因素，绿色建筑成本和绿色建筑销售情况是次外层因素，表明绿色建筑的经济效益处于驱动模型的顶部，直接影响开发商绿色建筑开发意愿。因此，要增强开发商的开发意愿，需提高绿色建筑的经济效益。

目前，绿色建筑技术尚不成熟，施工较为复杂，导致开发商投入更多成本。应进一步推动绿色建筑技术的研发和转化，减少绿色建筑的前期投资，缩短投资回收期。同时降低施工难度，推进绿色建筑产业化发展，进而增强开发商的开发意愿。

综上所述，从理论研究的角度出发，深层驱动力和直接驱动力在开发商绿色建筑开发意愿影响因素体系中处于重要地位。而以开发商视角来看，绿色建筑的经济效益关乎项目盈利情况，是开发意愿的关键影响因素。本研究从开发商的角度展开，所以将绿色建筑的经济效益看作开发商绿色建筑开发意愿的关键驱动力，并进一步对绿色建筑的经济性展开研究。

**2. 路径层面的分析**

在开发商绿色建筑开发意愿影响因素的推动关系表（表4.9）中，检验值越小，推动关系越强。表中检验值" * "意味着数值过小而无法显示，即两因素之间的推动关系很强。因此，本文根据标记" * "的推动关系整理出6条影响路径（图4.9中加粗的路径），作为开发商绿色建筑开发意愿的关键驱动路径进行分析。

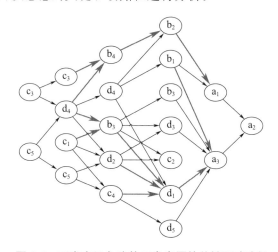

**图4.9 开发商绿色建筑开发意愿的关键驱动路径**

（1）社会关于绿色建筑的教育及宣传的推动作用

由"社会关于绿色建筑的教育及宣传→消费者对绿色建筑的认知度、认可度→消费者对建筑舒适度（节能程度）的要求→绿色建筑销售情况"以及"社会关于绿色建筑的教育及宣传→消费者对绿色建筑售价的接受度→开发商的绿色建筑所占市场份额→绿色建筑销售情况"这两条推动路径可以看出，社会关于绿色建筑的教育及宣传一方面通过提高消费者的认知度、认可度来改变其对建筑绿色性能的要求，提高消费者对绿色建筑的关注度；另一方面通过提高消费者对绿色建筑售价的接受度来增加绿色建筑的市场份额，增强消费者对绿色建筑的消费意向。

在"双碳"目标的背景下，进行绿色建筑宣传教育既可以提高消费者的关注度，又可以增强其消费意向，是改善绿色建筑经济效益的有效举措。相关宣传教育活动应根据各利益主体在绿色建筑推广过程中所扮演的角色，有针对性地展开。面向开发商的宣传教育主要围绕培养其责任意识展开，增强开发商对"双碳"目标的责任感，从而增强其绿色建筑开发意愿；面向消费者的宣传教育主要是引导其正确认识绿色建筑、培养低碳生活习惯，进而增强其低碳消费意向，增加绿色建筑的市场份额。

（2）面向消费者的经济激励措施的推动作用

由"政府给予的经济激励措施→消费者对绿色建筑售价的接受度→开发商的绿色建筑所占市场份额→绿色建筑销售情况"这一推动路径可知，经济激励措施可以通过提高消费者对绿色建筑售价的接受度来改善绿色建筑的销售状况。

相较于基准建筑，绿色建筑的初始投资多，其售价也因此偏高，导致消费者对绿色建筑望而却步。因此，政府可制定面向消费者的优惠政策，如下调购买绿色建筑的首付占比、适当减少绿色建筑的物业管理费等。同时，为早日实现"双碳"目标，对于公民的低碳行为，政府也应出台相应的激励配套措施。通过面向消费者的经济激励措施来提升绿色建筑的市场份额、改善绿色建筑的销售情况，从市场的角度增强开发商绿色建筑开发意愿。

（3）政策合理性和可行性的推动作用

由"绿色建筑相关政策的可行性及合理性→开发商的绿色建筑市场份额→绿色建筑销售情况"这一推动路径可知，具备合理性和可行性的政策通过提高绿色建筑的市场份额，来改善绿色建筑的销售情况，能有效提升开发商的开发意愿。因此，在制定政策时要注重其合理性和可行性，避免形式主义等政策落实不到位的情况。

（4）品牌效益和形象的推动作用

由"开发商的品牌效益和形象→开发商的绿色建筑所占市场份额→绿色建筑销售情况"这一推动路径可知，良好的品牌形象能提高开发商绿色建筑的市场份额，进而改善绿色建筑的销售情况。在"双碳"目标的背景下，低碳生活方式会逐渐成为新的社会潮流。开发商通过开发绿色建筑展示企业的低碳理念，体现自身对节能减排的责任担当，从而依托"双碳"战略树立良好的品牌形象，通过品牌的力量提高竞争力，从而获得更高的利润。

（5）强制性政策对开发商自主研发的推动作用

由"政府颁布强制性政策→消费者对绿色建筑的认知度、认可度→消费者对建筑节能程度的要求→绿色建筑成本"这一推动路径可知，在"双碳"战略的背景下，政府可能会出台强制性政策来促进公民的低碳行为，而在强制性政策的要求下，消费者会提高对绿色建筑的认知度、认可度，进而提高对建筑节能的要求。迫于消费者需求，开发商不得不提高建筑的节能性，导致项目前期投入增加。为此，开发商可以依托政府强制力促进低碳技术的改进与革新，主动探究降低成本、提高效益的方法。

从降低成本来看，促进技术创新和转化是关键。开发商应积极展开自主研发工作，通过绿色建筑技术降低成本，获取高于行业平均水平的利润。从增加效益来看，开发商应向全寿命周期管理者转变。开发商应充分认识到绿色建筑在运营期的优势，积极拓展业务，由单纯的开发建设转变为集设计、建造、运营于一体的全寿命周期建设。

### 4.3.4 结论

本节首先通过计划行为理论找到影响开发商绿色建筑开发意愿的因素，并运用结构方程模型、解释结构模型构建影响因素驱动模型，确定开发意愿的关键驱动力和驱动路径。研究表明，开发商绿色建筑开发意愿的深层驱动力来自政府，直接驱动力是绿色建筑的经济效益；绿色建筑的宣传教育、政策的可行性及合理性、开发商的品牌效益和形象对开发商绿色建筑开发意愿有间接影响。基于上述结论，本节给出完善强制性政策和激励措施、加大关于绿色建筑的宣传教育力度等措施建议。

从理论研究来看，绿色建筑经济效益作为直接驱动力，在开发商绿色建筑开发意愿影响因素体系中处于重要地位；从开发商的角度来看，绿色建筑的经济效益关乎项目盈利情况，是开发商绿色建筑开发意愿的关键影响因素。绿色建筑项目能否实现正收益是其能否形成推广长效机制的重要因素，如果绿色建筑项目本身能够实现正收益，则会带动开发商自主进行开发投资。由此可见，提高经济效益对绿色建筑的推广十分重要。因此，有必要对绿色建筑的经济性展开针对性研究，证明其经济可行性并给出进一步提升绿色建筑经济效益的针对性措施，进而提高开发商绿色建筑开发意愿，加快绿色建筑的推广进程。

## 4.4 建筑企业绿色化发展的影响因素

此外，本研究还针对建筑企业绿色化发展的影响因素进行了分析，先运用鱼刺图进行定性分析；之后结合系统动力学理论，建立建筑企业绿色化发展影响因素的 SD 模型，通过案例仿真定量分析各项因素，并利用灵敏度分析识别其中关键因素。

### 4.4.1 建筑企业绿色化发展的内涵

结合企业资源属性分类，本研究从人力资源、组织管理、技术设施、市场及社会环境 4 个维度，对建筑企业绿色化发展的内涵进行解读。

（1）人力资源。为推进绿色化发展，建筑企业需要优化人员结构、提高员工素质，培养具有绿色化思维、熟练掌握相关技术的高素质人才。

（2）组织管理。为推进绿色化建设，建筑企业必须改进传统的组织管理方式，完善相关制度并通过有效的管理手段，推动生产经营模式向绿色化转型。

（3）技术设施。为发展绿色生产力，建筑企业应积极引进先进技术和配套设施，引导技术绿色化升级和推广应用，提高绿色施工和管理水平。

（4）市场及社会环境。遵守绿色化相关标准制度，为社会提供高质量的绿色建筑产品，是建筑企业绿色化发展的应有之义。

### 4.4.2 基于鱼刺图的建筑企业绿色化发展影响因素筛选

结合国内企业转型升级经验可知，目前我国建筑企业绿色化发展的主要问题在于推广绿色施工和培养环保意识。绿色施工，即建筑企业在生产过程中引进先进技术、改进施工方式，在顺利开展生产活动的同时尽可能减少对生态环境的影响。环保意识，主要涉及企业绿色文化建设和绿色化管理模式，不仅影响企业高层战略决策的制定，还影响各级员工日常的生产管理活动，前者是在后者基础上的生产实践，后者是前者的思想支持。因此，可将建筑企业绿色化发展总目标拆分为绿色施工、环保意识两个子目标，按 4 个维度分别进行因素讨论，并对应划分出 4 个子系统。

由于建筑企业生产活动复杂多变，因此采用鱼刺图法定性分析其影响因素。鱼刺图又称因果分析图，因其形似鱼骨而得名。采用鱼刺图可由浅入深、逐步分解细化影响因素，能够将因素及因素之间的关联逻辑清楚地表示出来，使复杂的影响关系更加条理化、系统化。

本研究分别以绿色施工和环保意识为鱼头，以达成子目标过程中涉及的影响因素为脊椎做鱼刺图，定性分析子目标影响因素，并对子目标影响因素进行归纳整理，即可得到建筑企业绿色化发展总目标的影响因素。为使之后的定量分析更加客观真实，衡量因素时尽量选取可客观量化的因素指标。

**1. 绿色施工影响因素分析**

绿色施工是建筑企业项目施工的主要发展方向。以下以绿色施工为目标，从人力资源、组织管理、技术设施、市场及社会环境四个方面进行因素分析，结果如图 4.10 所示。

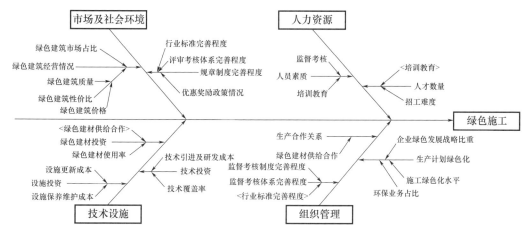

**图 4.10　建筑企业绿色施工影响因素分析**

（1）人力资源

推广绿色施工，需要建筑企业引导员工正确认识绿色施工并积极参与，加强技能培训，提升员工素质水平。因此，这方面影响因素主要包括人才数量和人员素质。人才数量主要受招工难度和培训教育[94]影响，其中招工难度是从对外招聘的角度考虑的，主要受薪酬福利待遇的影响，培训教育则是从对内培养的角度考虑。人员素质主要受培训教育和监督考核[94]影响。培训教育是企业提升员工技能和素质水平的主要手段，可通过培训教育经费和员工培训参与率进行衡量；监督考核是保证培训工作有效开展的常用措施，可借助监督体系完善程度、有效激励和考核合格率进行衡量。

（2）组织管理

推广绿色施工需要建筑企业多方面的支持，包括生产计划、供给合作、监督审核等。因此，这方面的影响因素主要包括生产计划绿色化、生产合作关系、监督考核体系完善程度等。结合管理学进行说明，生产计划绿色化[94]反映建筑企业对绿色施工在计划层面的重视程度，主要受企业绿色发展战略比重、环保业务占比和施工绿色化水平影响；生产合作关系[95]在此主要考虑绿色建材供给合作，以企业与供给商的合作水平进行衡量，反映建筑企业对绿色施工在组织层面的资源支持；监督考核体系完善程度是管理制度的完善程度，反映建筑企业对绿色施工在控制层面的制度保障。施工绿色化水平是指企业在施工过程中通过技术、管理等手段，减少环境污染和能源损耗的程度，这里借环境排放达标率和单位产值能耗进行衡量。监督考核体系完善程度，主要受监督考核制度完善程度影响，且修订相关制度时还会在一定程度上受行业标准完善程度的影响。

（3）技术设施

推广绿色施工，需要引进相关技术、购置配套设施和绿色建材。因此，技术设施方面的影响因素主要包括技术投资、设施投资、绿色建材投资[94]。技术投资主要考虑技术引进和推广应用，分别用技术引进及研发成本和技术覆盖率进行衡量；设施投资包括对设施的更新和保养维护[96]，可用对应的资金投入进行衡量；绿色建材投资主要考虑绿色建材的投入使用和稳定供给情况，分别以绿色建材使用率和绿色建材供给合作[95]进行衡量。

（4）市场及社会环境

主要通过行业制度规范和对绿色建筑产品的市场调节对绿色施工产生影响。因此，这方面的影响因素主要包括规章制度完善程度和绿色建筑经营情况[97]。规章制度主要包括行业标准、评审考核体系、优惠奖励政策；绿色建筑经营情况主要受到绿色建筑市场占比和绿色建筑性价比[98]影响。绿色建筑市场占比是指绿色建筑产品在总建筑产品中所占比例，绿色建筑性价比即绿色建筑质量与价格的比值，两者均为消费者做消费选择时的重要参考因素。绿色建筑质量主要受生产计划、技术设施和评审考核的影响，结合之前的分析可将之划归生产计划绿色化、技术设施影响力、评审考核体系完善程度。绿色建筑产品的价格往往高于传统建筑产品，它以普通建筑产品价格为基准，超出部分主要受绿色建筑开发成本和绿色建筑供需比的影响。其中，绿色建筑开发成本可结合技术投资、设施投资和绿色建材投资进行分析，并且优惠奖励政策也会对绿色建筑开发成本产生一定影响；绿色建筑供需比，即绿色建筑供给与需求的比值，用绿色标识认证面积除以绿色建筑销售面积表示。

**2. 环保意识影响因素分析**

环保意识是建筑企业推动绿色化发展的思想支撑。由于环保意识主要是人员的思想建设，不便直接按照4个维度进行分析，因此先从意识确立、推广宣传两个角度进行讨论，之后再将分析所得因素按4个维度进行归类整理。分析结果如图4.11所示。

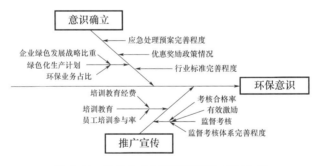

**图4.11 建筑企业环保意识影响因素分析**

（1）意识确立

由于确立环保意识需要有相关文件作为指导和支持，因此这方面影响因素主要包括行业标准完善程度、绿色化生产计划、优惠奖励政策情况和应急处理预案完善程度。绿色建筑相关的行业标准足够完善，建筑企业才能树立正确的环保意识；制订绿色化生产计划，将环保意识有效融于生产活动是确立环保意识的有效手段；制定相关优惠奖励政策，有利于提高公众对环保建筑的认可度；应急处理预案是对环保意识的补充，完整的环保意识不仅需要员工在施工时注重节约环保，还需要在污染情况出现时能及时应对以减少损害。

（2）推广宣传

企业常用推广宣传手段主要是通过培训教育让员工了解具体内容，辅以监督考核检验学习成果。因此，这方面影响因素主要有培训教育和监督考核。进一步的因素分解同绿色施工。按照四个维度对以上影响因素进行归类整理，其中绿色化生产计划与之前绿色施工分析所得影响因素生产计划绿色化高度相似，所以将其替换为后者，如图 4.12 所示。

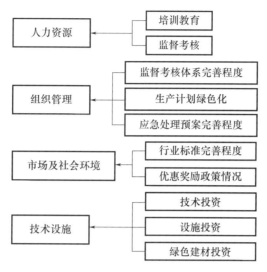

图 4.12　建筑企业环保意识影响因素归类整理

**3. 建筑企业绿色化发展影响因素整理**

对子目标的影响因素的分析结果进行汇总整理，得到总目标建筑企业绿色化发展的影响因素，如图 4.13 所示。

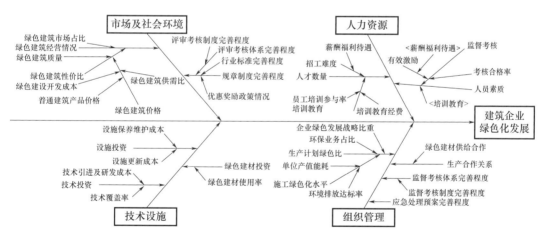

图 4.13　建筑企业绿色化发展影响因素

## 4.4.3　建筑企业绿色化发展影响因素 SD 模型

由于系统本身错综复杂，各因素、子系统之间相互关联，因此采用系统动力学方法进行深入讨论，构建建筑企业绿色化发展影响因素 SD 模型，为进一步定量分析做准备。

**1. 影响因素关联关系分析**

结合系统动力学理论，对系统及影响因素进行再梳理，明确影响因素之间的关联关系，运用 Vensim PLE 软件绘制建筑企业绿色化发展影响因素系统的因果关系图，如图 4.14 所示。

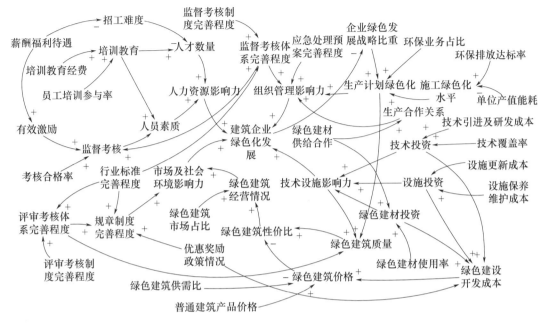

**图 4.14　建筑企业绿色化发展影响因素系统的因果关系图**

**2. 绘制建筑企业绿色化发展影响因素系统流图**

根据建筑企业绿色化发展系统的因果关系图，对 4 个子系统进行整合，合理设计存量流量，绘制建筑企业绿色化发展影响因素系统流图，如图 4.15 所示。

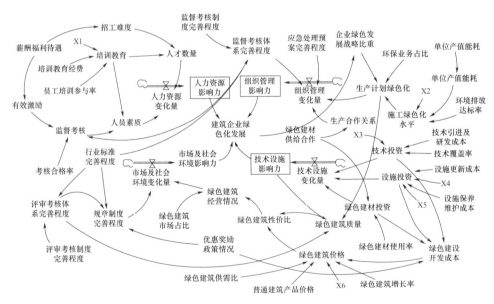

**图 4.15　建筑企业绿色化发展影响因素系统流图**

**3. 设计影响因素方程**

建筑企业绿色化发展水平取决于各影响因素的大小和权重，因此，本研究在设计系统方程时，各项参数的取值主要参考因素权重[96]。举例说明：对于 $A$ 的影响因素 $B_1$，$B_2$，

若 $B_1$，$B_2$ 的权重分别为 $W_1$，$W_2$，则可设计因素 $A$ 方程式：$A = W_1 B_1 + W_2 B_2$。

主要采用 CRITIC 客观赋权法计算因素权重，其特点在于以指标之间的冲突性和对比强度衡量指标权重，充分考虑指标变异性影响和指标之间的关联属性，评价结果依赖于数据自身的客观属性，不易受主观意识影响。其具体过程[99]如下。

（1）数据标准化处理

假设数据为企业 $m$ 年间 $n$ 个因素指标值，明确指标正负属性之后，对指标进行无量纲化处理。

正向指标：

$$x'_{ij} = \frac{x_{ij} - \min_i \{x_{ij}\}}{\max_i \{x_{ij}\} - \min_i \{x_{ij}\}} \tag{4.3}$$

负向指标：

$$x'_{ij} = \frac{\max_i \{x_{ij}\} - x_{ij}}{\max_i \{x_{ij}\} - \min_i \{x_{ij}\}} \tag{4.4}$$

其中，$x_{ij}$ 即企业第 $i$ 年第 $j$ 项指标的取值。

（2）计算对比强度

$$V_i = \frac{\delta_i}{x_i} \quad (i = 1, 2, \cdots, n) \tag{4.5}$$

其中，$\overline{x}_i$，$\delta_i$ 分别是第 $i$ 项指标样本取值的均值和标准差。

（3）计算冲突性量化指标值

记第 $i$ 个指标与其他指标之间的冲突性量化指标值为 $N_i$，计算公式为：

$$N_i = \sum_{j=1}^{n} (1 - r_{ij})(i \neq j, i = 1, 2, \cdots, n) \tag{4.6}$$

（4）计算指标信息量

记第 $i$ 个指标所包含的信息量为 $C_i$，则 $C_i$ 为：

$$C_i = V_i N_i \quad (i = 1, 2, \cdots, n) \tag{4.7}$$

（5）计算因素指标权重

记第 $i$ 项指标的权重为 $W_i$，其计算公式为：

$$W_i = \frac{C_i}{\sum\limits_{i=1}^{n} C_i} (i = 1, 2, \cdots, n) \tag{4.8}$$

通过指标所包含的信息量大小，反映指标的重要程度，进而计算得出指标权重。

# 5 建筑业绿色化推动意愿及经济分析

由前文的分析可知，绿色建筑的经济效益对建筑业绿色化的推动作用很强，提高经济效益对绿色建筑的推广至关重要。为此，本章进一步对绿色建筑展开经济性分析，以评价其经济性并提出改善经济效果的针对性措施。同时，从界定建筑业绿色经济的内涵出发，考虑绿色经济转化效率和产出效益的共同作用，建立建筑业绿色经济绩效评价指标体系。

本章在对绿色建筑技术进行分析的基础上，通过与基准建筑相比筛选出绿色建筑全寿命周期的增量成本和增量效益，并给出计算公式。在此基础上，增加对经济效果进行评价的指标和方法，构建绿色建筑增量成本效益分析模型，为下文实证分析的展开奠定理论基础，提供测算模型。

## 5.1 绿色建筑技术的经济分析

### 5.1.1 绿色建筑的成本分析

绿色建筑与传统建筑不仅在理念、设计、施工等方面存在差别，在成本方面也存在较大差别。通过分析《绿色建筑评价标准》（GB/T 50378—2019），可将绿色建筑成本划分为两大类：绿建成本和非绿建成本。绿建成本是指为符合某一等级的绿色建筑标准要求而必须在传统建筑非绿建成本上额外增加的成本投入。建筑的非绿建成本可以确定为，在特定市场定位下的建筑要满足当前法规、政策、规范等要求的建筑设计、建造及管理水平而投入的成本。绿建成本又可划分为在建筑建设过程中因采用绿色技术而造成的增量建造成本、增量设计咨询成本以及增量维修管理成本。考虑到一般建筑建造成本在整体成本中所占比重很大，且相对清晰和明确，本研究主要对建筑建设环节的增量成本进行探讨[100]。根据绿色建筑在建造过程中采用的绿色技术措施，又可将建筑建设环节的增量成本进一步细分为节地技术增量成本、节水技术增量成本、节材技术增量成本以及节能技术增量成本。绿色建筑成本组成详见表5.1。

表 5.1 绿色建筑成本组成

| 序号 | 成本类型 | 影响因素 |
|---|---|---|
| 1 | 非绿建成本 | 为满足当时法律法规、政策等要求的建筑设计、建造及管理水平而投入的成本 |
| 2 | 绿建成本 | 2.1+2.2+2.3 |

| 序号 | 成本类型 | 影响因素 |
|------|----------|----------|
| 2.1 | 增量建造成本 | 为符合某一等级绿色建筑标准而采用节地技术、节水技术、节材技术、节能技术投入的成本 |
| 2.2 | 增量设计咨询成本 | |
| 2.3 | 增量维修管理成本 | |
| 总成本 | | 1+2 |

### 5.1.2 绿色建筑总成本的多因素影响分析

绿色建筑总成本中，除了建设基准建筑必要的成本投入外，还有为达到建筑绿色等级采用绿色技术而增加的成本投入。参考《绿色建筑评价标准》（GB/T 50378—2019）及《绿色建筑技术导则》，从节地、节水、节能、节材四个方面的技术投入分析绿色建筑。

（1）节地与室外环境

建筑节地理念是指通过合理的城市规划布局，解决城市发展过程中对土地需求量大的问题，稳定和控制土地的使用，提高土地的利用率，使城市以合理的方式发展。在《绿色建筑评价标准》（GB/T 50378—2019）中，主要从建筑场地选址、人均居住用地指标、建筑室内外的日照环境、采光、通风、绿地率、建筑空间使用率、热岛强度、周边交通、透水地面等方面进行评价。目前，绿色建筑项目采用较多的节地与室外环境技术主要有屋顶和垂直屋面绿化技术、透水地面、合理控制人均居住用地指标、控制建筑用地总量、合理开发地下空间等。合理控制人均居住用地指标和控制建筑用地总量是政策性技术，因而无法对其成本进行估算。除了屋顶和垂直屋面绿化技术以及透水地面，在技术使用过程中，产生明显的增量成本外，其他技术均表现为节约成本或已成为建筑必要成本。因此，本文主要对能够准确计算且表现为增量成本的节地技术进行分析研究。

（2）节水与水资源利用

建筑节水理念是指通过合理规划和统筹利用各项水资源，解决城市快速发展过程中对水资源的需求量大的问题，控制用水量，提高水资源利用率，缓解建筑业发展过程水资源消耗量大、水污染严重等现象，从而促使水资源利用与建筑业的发展平衡，主要从非传统水资源利用率、节水器具与设备、可再生水和雨污水的合理使用、节水灌溉等方面评价节水与水资源利用。目前，住宅建筑中使用较多的节水技术主要有中水回用技术、节水器具技术、节水喷灌、雨水回收。建筑小区中水系统具有规模大、水质与管道复杂、集中处理费用较低等特点，因此本节将中水回用系统初始投资按项目总造价的1.0%计算。节水器具、设备及节水措施主要有节水型水龙头、节水便器、节流塞、支管减压阀等，均按市场价来计算。

（3）节能与能源利用

建筑节能理念是指通过降低建筑能耗，提高能源使用效率，加强可再生能源的使用，来缓解建筑业快速发展过程中对能源资源需求量大的问题，从而促使我国经济与环境的可持续发展。主要从建筑热工设计、暖通空调设计、利用自然条件、高效节能灯具、可再生能源的使用比例等方面评价建筑节能与能源利用。住宅建筑中使用较多的节能技术主要有地道通风，拔风井，太阳能供热技术，太阳能发电技术，围护结构节能技术，高效建筑供能、用能系统和设备，地源热泵技术，季风利用，热风回收。在参评的绿色建筑项目中，将太阳能供热、太阳能发电、节能灯具、节能电梯、地源热泵等视为增加成本的技术或设备。

（4）节材与材料资源利用

建筑节材理念主要是指通过采用高性能、低材耗、耐久性好的新型建筑体系，解决建筑建设过程中对材料需求量大的问题，选用可循环、可回用和可再生的建材，减少不可再生资源的使用，在满足同样功能条件下最大限度地减少建筑耗材的使用量及建筑污染，改善城市生活环境。主要从建材中有害物质含量、可循环利用材料使用量、高性能材料使用比例等方面来评价建筑节材与材料资源利用。目前，节材技术较少，且主要体现在建筑工程的设计和施工阶段。在设计阶段，要优化设计，延长建筑使用寿命，采用实用新型材料减少建材使用量；在施工阶段，就近取材，采用预拌混凝土，合理采用高性能混凝土及高强度钢，减少材料浪费；在建筑完工时，将可再利用材料进行回收再利用。建筑工程中使用的预拌混凝土主要是商品混凝土，已成为非绿色建筑的必要成本，本文中的绿建成本主要是按市场价计算的高性能混凝土及高强度钢的投入成本。

## 5.1.3　绿色建筑全寿命技术经济分析

（1）绿色建筑项目关键技术评价分析

绿色建筑项目需要对其进行技术经济评价，在评价过程中需要采取关键技术进行综合处理，此种模式对绿色建筑经济的发展具有十分重要的意义。在关键技术评价过程中需要对投资者进行综合分析，让投资者在技术方案方面选择一个最优的依据，具体实施过程中可以采用如下几个技术经济评价模式。其一，需要对绿色技术进行增额投资，从而能够提高其投资净现值。在节约能耗方面进行综合分析，从而能够获取更多的节能收益，在绿色建筑的全寿命周期过程中，需要进行科学合理的评价，从而找出关键技术，从经济价值角度选择一个最优技术方案，提升绿色建筑项目关键技术评价水平。其二，需要从绿色技术动态增额投资角度进行综合分析，以绿色关键技术在全寿命周期过程中节约能源支出角度进行考虑，提高绿色科技水平，推动绿色建筑经济效益不断提升[101]。绿色建筑技术增额需要从内部收益率角度开展分析，对各年净现金流量差额进行研究，具体实施过程中需要从经济效益和社会效益两个方面进行评价，提高绿色建筑全寿命周期技术研究水平。绿色建筑项目实施过程中需要实现成本价值，对成本差额进行分析，同时对消耗的资源进行综合评价，从经济合理性角度推动绿色建筑产业不断发展。

（2）绿色建筑项目总体技术经济评价。

从绿色建筑项目增额投资净现值角度考虑，传统绿色建筑和现代绿色建筑的造价有很大的不同，需要对二者进行比较分析，此模式可以反映绿色建筑在全寿命周期内节能收益能力的动态指标，通过对动态指标进行全面分析研究，可以更好地对绿色建筑经济进行效益评价，从而达到节约资源的总体目标。在绿色建筑项目研究过程中需要对整体投资效益进行分析，以确定项目成本回收期，提高整个项目的经济效益。绿色建筑项目已经是建筑业发展的一个方向，需要从节约资源、提高项目价值等方面开展积极有效的工作，提升绿色建筑项目的整体收益率，为建筑业全面协调发展奠定重要的基础。从绿色建筑项目增额投资回收期角度看，运用差额分析法可以对项目的净现值和投资回收期进行综合评估计算，从绿色建筑项目在全寿命周期中的投资收益角度看，需要一定的时间，关键是要分析项目成本投资回收率。绿色建筑项目经济敏感性分析可以提升项目的经济效益，在绿色建筑项目综合收益评价分析过程中需要充分考虑全寿命周期，需要对项目的前期规划进行综合分析，对中间活动进行评价，对日常使用、维修、拆除等活动在项目实施中的作用进行全面考虑，充分考虑项目实施过程中的经济效益问题，建筑项目实施过程受到多种因素和模糊性特点影响，需要建立数学模型对其效益进行综合评价，把绿色建筑项目的关键技术运用到全寿命周期过程中，提高绿色建筑项目的经济效益、社会效益、环境效益。

（3）绿色建筑项目的综合效益分析

绿色建筑项目在实施过程中受到多种因素的影响，需要对各种敏感因素进行评测，找到影响绿色建筑项目的具体因素，对敏感程度和评价标准进行全面研究。提高绿色建筑项目整体效益评价水平，为促进绿色建筑项目协调发展奠定重要的基础。建筑业发展是人类发展的重要组成部分，需要为建筑业发展创造良好的环境和条件，促使建筑业向绿色建筑业方向转变。绿色建筑项目综合效益实现过程与外部环境具有紧密的联系，需要充分考虑绿色建筑项目与外部环境之间关系，采取积极有效的方法，提高绿色建筑项目与外部环境之间的联系性。

随着全球经济的发展，世界各国都在助推绿色建筑经济，通过绿色建筑项目的实施，可以达到节约能源，提升建筑项目整体效益的根本目的。我国绿色建筑项目的材料、技术、观念、市场进一步成熟，综合效益进一步提升。绿色建筑项目实施过程中需要对经济评价模式进行创新，保证绿色建筑项目综合效益不断提升，绿色建筑项目实施过程中需要坚持长期效益和综合效益并重的基本原则，绿色建筑项目实施过程中需要避免对"高成本"的片面认识，绿色建筑项目实施过程中需要把消费者和开发商融合在一起，对很多项目形成一个共识，提高绿色建筑经济效益水平。绿色建筑经济效益综合评价指标体系实施过程中需要按照社会发展的总体目标开展工作，绿色建筑项目实施过程中需要符合国家建立节约型社会的总体战略方针，提高绿色建筑项目的经济效益、社会效益、环境效益[102]。绿色建筑项目实施过程中需要综合考虑环境效益的作用，把环境效益作为一个重要的目标，提高绿色建筑项目经济效益，为社会经济发展提供良好的自然环境和社会环境。建筑市场是一个庞大的市场，建筑产业在整个社会经济发展过程中扮演越来越重要的角色，需要对建筑市场进行综合分析，提升绿色建筑项目在市场中的综合竞争力，把绿色建筑项目的整体效益充分体现出来，以对国民经济发展起到重要的推动作用。绿色建筑经济已经受到社会的高度重视，需要在具体项目中得到全面落实，提升其经济效益水平。

## 5.2　绿色建筑增量成本效益分析及模型构建　▶▶

本节对绿色建筑经济性的分析主要围绕增量成本和增量效益展开。绿色建筑因采用绿色建筑技术而产生增量成本，高成本及其带来的高售价会影响利益主体开发和消费的积极性。绿色建筑技术的应用也会带来额外收益，即增量效益，正确认识、测算增量效益有助于减少各主体对增量成本的顾虑，从而增强利益主体参与绿色建筑建设的意愿。由此可知，增量成本和增量效益对绿色建筑的经济性有关键作用，围绕两者展开分析具备一定合理性。

根据全寿命周期理论可将绿色建筑的全寿命周期分为决策设计阶段、建设阶段、运营阶段以及拆除报废阶段，分别对各阶段的增量成本和增量效益展开分析。绿色建筑具有前期投入高、后期效益高的特性，本节的经济性分析基于全寿命周期理论，能有效避免只对建设初期的投资进行片面分析等情况。

基于"有无"对比分析原则，在全寿命周期的各个阶段，通过比较绿色建筑和基准建筑的实际效果进行对比分析。此外，绿色建筑技术的运用给绿色建筑带来了增量成本和增量效益，为明确二者构成需对绿色建筑技术进行分析。为此，本研究根据《绿色建筑评价标准》（GB/T 50378—2019）中对建筑绿色性能的要求来分析绿色建筑技术，进而筛选出增量成本和增量效益。

绿色建筑的增量效益可根据性质的不同分为经济增量效益、社会增量效益以及环境增量效益。其中，经济增量效益是直接效益，能直接给开发商、使用者等利益主体带来资金回报；其余是间接效益，能给社会和环境带来有利影响。社会增量效益和环境增量效益符合第三方受损或者受益无法以市场价格确定的特性，具有外部性，无法衡量其经济价值，也无法与经济效益做比较。为此，本研究将社会增量效益和环境增量效益量化为具体金额，把外部性问题内部化。

## 5.2.1 决策设计阶段增量成本和增量效益筛选与量化

### 1. 增量成本

在决策设计阶段，基准建筑的费用主要包括可行性研究费用及勘察设计费用。对于绿色建筑来说，为达到《绿色建筑评价标准》（GB/T 50378—2019）的要求，需要在可行性研究费用中增添咨询费用，在勘察设计费用中增添绿色建筑技术设计费用，以确定绿色建筑的实施方案。本研究将上述增量成本分别记为$C_{咨询}$和$C_{设计}$。此外，在这一阶段需要对绿色建筑的声环境、光环境、热环境、风环境及其他关键技术进行模拟[100]，以进一步验证实施方案的可行性，本研究将上述模拟成本记为$C_{模拟}$。

综上所述，绿色建筑决策设计阶段增量成本的计算公式如下：

$$C_{决策设计阶段} = C_{咨询} + C_{设计} + C_{模拟} \tag{5.1}$$

绿色建筑在这一阶段的增量成本构成如图5.1所示。

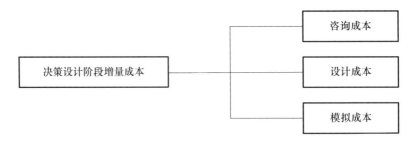

**图5.1 绿色建筑决策设计阶段增量成本构成**

### 2. 增量效益

在决策设计阶段，绿色审批通道等针对绿色建筑项目的帮扶措施，会使项目的申报审批等流程更为便捷。此外，绿色建筑项目在办理土地出让手续时，往往会获得相应的补贴。但是这些补贴以及流程简化所带来的增量收益并不多，且难以量化。因此，本研究认为绿色建筑在此阶段的增量成本为零，即 $B_{补贴奖励} = 0$。

### 5.2.2 建设阶段增量成本和增量效益筛选与量化

**1. 增量成本**

绿色建筑技术主要应用于项目的建设阶段。因此，本研究参照《绿色建筑评价标准》（GB/T 50378—2019）中对绿色建筑技术的分类，将建设阶段的增量成本分为安全耐久性能增量成本、生活便利性能增量成本、健康舒适性能增量成本、资源节约性能增量成本及环境宜居性能增量成本。

（1）安全耐久性能增量成本

《绿色建筑评价标准》（GB/T 50378—2019）中对安全耐久性能的要求主要通过增设防护防滑设施及应用耐久性建材来满足，本文将此项增量成本记为 $C_{安全耐久}$。

① 防护防滑措施

与基准建筑相比，绿色建筑增设的防护措施主要针对外窗外墙等高防护性产品，防滑措施主要针对室内光滑地面和室外湿滑地面，本研究将此项增量成本记为 $C_{防护防滑}$。

② 耐久性建材

本研究将耐久性建材增量成本记为 $C_{耐久性材料}$，主要来源于使用耐久性好的建材，如管材管件、结构材料和装饰装修材料等。

综上所述，绿色建筑安全耐久性能增量成本的计算公式如下：

$$C_{安全耐久} = C_{防护防滑} + C_{耐久性材料} \tag{5.2}$$

（2）生活便利性能增量成本

绿色建筑是人本型建筑，能为使用者的日常生活提供舒适的环境和便利，本研究将此项增量成本记为 $C_{生活便利}$。根据《绿色建筑评价标准》（GB/T 50378—2019）对生活便利性能的要求，其增量成本主要来源于无障碍设施、服务设施及智能化系统的设置。

① 无障碍设施。

为满足各类人的需求，绿色建筑要在公共区域设置无障碍设施，如无障碍步行系统、无障碍洗手间、无障碍电梯等，由此增加的成本记为 $C_{无障碍设施}$。

② 服务设施。

《绿色建筑评价标准》（GB/T 50378—2019）中明确规定绿色建筑须配有一定的健身场地和停车设施，本研究将绿色建筑因服务设施而增加的成本记为 $C_{服务设施}$。

③ 智能化系统。

绿色建筑的智能化系统包括户内智能系统和智能化管理系统，本研究将设置智能化系统而增加的成本记为 $C_{智能化系统}$。

户内智能系统可以让使用者通过智能终端设备对照明、家电等设备进行控制，此项增量成本来源于实现上述控制所需技术与设备，将其记为 $C_{户内智能系统}$。智能化管理系统主要包括设备管理与监控系统、安全防范系统和信息网络系统，该系统的设置能节约建筑运营管理所需人力，还能通过实时监测有效节能。本研究将此项增量成本记为 $C_{智能化管理系统}$，则绿色建筑智能化系统增量成本的计算公式为：

$$C_{智能化系统} = C_{户内智能系统} + C_{智能化管理系统} \tag{5.3}$$

综上所述，绿色建筑生活便利性能增量成本的计算公式为：

$$C_{生活便利} = C_{无障碍设施} + C_{服务设施} + C_{智能化系统} \qquad (5.4)$$

（3）资源节约性能增量成本

本研究将资源节约性能增量成本记为 $C_{资源节约}$，根据《绿色建筑评价标准》（GB/T 50378—2019）将资源节约技术分为节地、节能、节水和节材四项。

① 节地与土地利用。

节地与土地利用的增量成本来自地下空间的开发利用和废弃场地的利用，本研究将其记为 $C_{节地}$。目前，地下空间开发技术已普及到传统建设模式中，基准建筑的地下空间也有地下车库、设备用房等功能区域。因此，绿色建筑的地下空间开发增量成本较少，可忽略不计。

废弃场地的利用是指对于不能或未能使用的土地、仓库和工厂弃置地等，使用特定的科学方法进行清理或修复后再开发利用。利用废弃场地不仅可以节约土地资源，还能改善城市环境，符合节能环保理念。废弃场地利用技术包括修复地表水污染、控制噪声污染以及土壤修复，将此项增量成本记为 $C_{废弃场地利用}$，即 $C_{节地} = C_{废弃场地利用}$。

② 节能与能源利用。

由《绿色建筑评价标准》（GB/T 50378—2019）可知，绿色建筑采用的节能技术主要包括围护结构热工性能优化技术、空调系统节能技术、照明系统节能技术、可再生能源利用技术及采用节能控制措施，本研究将节能技术的增量成本记为 $C_{节能}$。

a. 围护结构。

围护结构主要指外墙、屋顶、外窗以及幕墙，各地区基准建筑围护结构的传热能耗占空调能耗的比重见表 5.2[101]。由该表可知围护结构传热所浪费的能耗最高能占空调能耗的 50%，有必要优化其热工性能进而降低建筑的冷热耗能。本研究将热工性能优化增量成本记为 $C_{围护结构}$，主要来自降低围护结构的传热系数。围护结构常用的保温材料及成本如表 5.3、图 5.2、图 5.3 所示。

表 5.2　围护结构传热耗能占比情况

| 地区 | 能耗占比（%） |
| --- | --- |
| 夏热冬暖地区 | 20 |
| 夏热冬冷地区 | 35 |
| 寒冷地区 | 40 |
| 严寒地区 | 50 |

表 5.3　围护结构常用保温材料成本

| 围护结构 | 保温材料 | 价格（元/m²） |
| --- | --- | --- |
| 外墙、屋顶 | EPS 膨胀聚苯板（60mm） | 30～80 |
| | XPS 挤塑聚苯板（60mm） | 30～90 |
| | 酚醛泡沫板（60mm） | 40～85 |
| | 保温砂浆（60mm） | 35～85 |
| 外窗 | 中空玻璃 | 80～650 |

注：表中价格来源于市场询价。

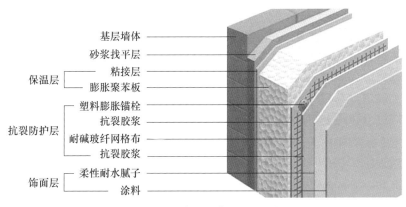

图5.2 外墙保温常用材料实例

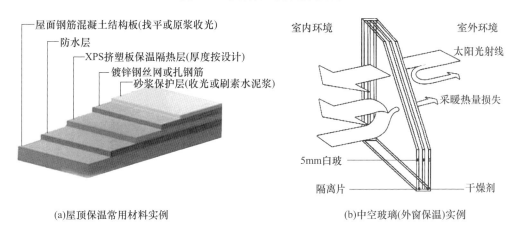

(a)屋顶保温常用材料实例　　　(b)中空玻璃(外窗保温)实例

图5.3 屋顶和外窗保温材料实例

b. 空调系统。

空调系统能使室内的空气质量、温度处于适宜状态，进而影响使用主体的感受，是建筑提高舒适度的关键手段，但该系统存在能耗较大的问题。据统计，超过一半的建筑能耗来自空调系统[102]，因此减少空调系统能耗是建筑节能的重要组成部分，本研究将此项增量成本记为 $C_{空调}$。

目前，常用的空调系统节能方式是地热能的运用，即地源热泵空调的使用。地源热泵空调能效比高（各类空调系统能效比及其成本见表5.4），节能率更高，地源热泵空调的能耗仅为传统空调系统的 23%～44%。

表5.4 不同空调系统能效比及成本

| 热泵类型 | 空调制热能效比<br>（COP） | 空调制冷能效比<br>（EER） | 价格<br>（元/m²） |
|---|---|---|---|
| 空气源热泵 | 3.2～4.0 | 3.8～4.5 | 350～700 |
| 地源热泵 | 3.3～5.8 | 5.0～6.5 | 600～1200 |
| 水源热泵 | 3.0～4.3 | 4.6～5.5 | 400～800 |
| 水冷冷水中央空调 | 2.8～3.2 | 2.5～3.0 | 300～550 |

注：表中价格来源于市场询价。

c. 照明系统。

照明系统用电量大，建筑的总能耗中有 1/3 来自照明系统，其节能效益巨大。本文将照明系统节能增量成本记为 $C_{照明系统}$，主要来自采用节能灯具、光导管及智能控制系统，常用节能设备及成本见表 5.5。节能灯具售价高但使用周期长，总体来说，经济性优于普通灯具；导光管能将室外自然光引入室内，应用于地下空间、走廊、办公室等白天需要灯光的地方，可以有效减少用灯时间、降低照明系统的能耗；智能控制系统通过精准控制光照来减少照明系统的能耗。上述照明系统节能设备既能降低能耗，又能改善室内光环境，符合绿色建筑理念。

表 5.5　照明系统常用节能设备及成本

| 节能设备 | 价格 |
| --- | --- |
| T5/T8 节能灯 | 40～80 元/个 |
| 节能自熄开关 | 5000～7000 元/套 |
| 导光管 | 3000 万～8000 万元/套 |

注：表中价格来源于市场询价。

d. 可再生能源利用。

利用太阳能、风能等可再生能源是建筑节能环保的重要手段，绿色建筑对可再生能源的利用主要是提供生活热水、电量等，本研究将此项增量成本记为 $C_{可再生能源}$。常用可再生能源利用设备及成本见表 5.6。

表 5.6　常用可再生能源利用设备及成本

| 可再生能源利用设备 | 价格（元/套） |
| --- | --- |
| 太阳能发电器 | 40000～700000 |
| 太阳能热水器 | 2800～13000 |

注：表中价格来源于市场询价。

e. 节能控制措施。

绿色建筑常见的节能控制措施主要是地源热泵、声控开关及节能电梯等高效用能设备的运用，这类设备的能源利用率高，能减少能耗浪费。地源热泵、声控开关的增量成本在前文已计算过，不再重复计算。因此，本研究的高效用能设备增量成本主要指因设置节能电梯而增加的成本，即 $C_{高效设备}=C_{节能电梯}$。

综上所述，节能与资源利用性能增量成本的计算公式如下：

$$C_{节能}=C_{围护结构}+C_{空调}+C_{照明系统}+C_{可再生能源}+C_{高效设备} \tag{5.5}$$

③ 节水与水资源利用。

根据《绿色建筑评价标准》（GB/T 50378—2019）对绿色建筑节水的要求可知，节水技术主要包括节水器具应用技术、节水灌溉技术及非传统水源利用技术，由此产生的增量成本记为 $C_{节水}$。

a. 节水器具应用技术。

据统计，使用节水器具可节约 20%～30% 的用水量，是节水的有效手段。绿色建筑应用较多的节水器具包括节水型水龙头、节水型坐便器/蹲便器、节水型淋浴器等，节水器

具增量成本记为 $C_{节水器具}$。

b. 节水灌溉技术。

据统计，节水灌溉的用水量仅为传统灌溉方式的一半[76]，对于绿化面积较多的绿色建筑来说，节水灌溉的效益巨大。除《绿色建筑评价标准》（GB/T 50378—2019）中明确指出的喷灌、微灌、渗灌等灌溉方式外，节水灌溉技术还包括土壤湿度传感器、雨天自动关闭等智能化节水控制方式，由此产生的增量成本记为 $C_{绿化节水灌溉}$。

c. 非传统水源利用技术。

非传统水源利用技术包括中水回用系统和雨水利用系统，由此产生的增量成本记为 $C_{非传统水源利用}$。

中水回用系统可以将处理后达到非饮用水要求的建筑中水再次利用，既能节水，又能减少污水排放，本研究将由此产生的增量成本记为 $C_{中水回用}$。建筑中水包括盥洗排水、洗衣排水、厨房排水等废水，经处理后可用于绿化灌溉、冷却设备用水、卫生间用水、道路清洗等，该系统工作流程如图 5.4 所示。

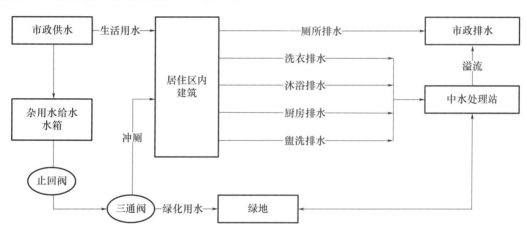

**图 5.4　中水系统工作流程**

作为一种丰富的自然资源，雨水具有污染轻、易处理及利用价值高等优点。收集的雨水经过滤、消毒等处理后可用于绿化浇灌、道路喷洒、景观用水及地下水涵养等，将绿色建筑的雨水收集利用增量成本记为 $C_{雨水利用}$，其工作流程如图 5.5 所示。

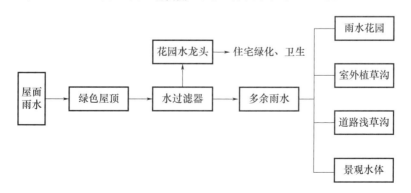

**图 5.5　雨水收集再利用流程**

由此可以得到非传统水源利用技术增量成本的计算公式如下：

$$C_{非传统水源利用}＝C_{中水回用}＋C_{雨水利用} \tag{5.6}$$

综上所述，节水与水资源利用技术增量成本的计算公式如下：

$$C_{节水}＝C_{节水器具}＋C_{绿化节水灌溉}＋C_{非传统水源利用} \tag{5.7}$$

绿色建筑常用节水技术设备及成本见表5.7。

**表5.7　绿色建筑常用节水技术设备及成本**

| 节水技术 | 节水设备 | 价格 |
|---|---|---|
| 节水卫生器具 | 节水龙头 | 200～700元/套 |
| | 节水坐便器 | 400～2800元/套 |
| 节水灌溉 | 喷灌 | 1.8～2.4元/m² |
| | 微灌 | 0.9～1.3元/m² |
| 非传统水源利用 | 中水回用系统 | 60000～180000元/套 |
| | 雨水收集利用系统 | 1000～3000元/m³ |

注：表中价格来源于市场询价。

④ 节材与绿色建材技术。

绿色建筑的节材技术可以有效避免传统建筑建设过程中材料消耗大、建筑垃圾多等问题。根据《绿色建筑评价标准》（GB/T 50378—2019）可知，绿色建筑的节材技术主要包括土建和装修一体化设计施工、绿色建材的使用和材料的循环再利用，本研究将此项增量成本简记为 $C_{节材}$。

《绿色建筑评价标准》（GB/T 50378—2019）中明确规定绿色建筑的所有区域实施土建和装修一体化设计和施工，本研究将综合考虑一体化设计施工产生的增量成本记为 $C_{一体化}$。绿色建材包括两种：一种是有利于环境保护和人体健康的无污染材料，另一种是可以减少建材用量的高性能材料，本研究将此项增量成本记为 $C_{绿色建材}$。材料循环再利用指在满足安全和使用性能的基础上，将加工后的废弃物用于新建建筑，此过程产生的增量成本记为 $C_{材料再利用}$。

由此可以得到节材与绿色建材技术增量成本的计算公式：

$$C_{节材}＝C_{绿色建材}＋C_{材料再利用}＋C_{一体化} \tag{5.8}$$

综上所述，资源节约性能增量成本的计算公式如下：

$$C_{资源节约}＝C_{节地}＋C_{节能}＋C_{节水}＋C_{节材} \tag{5.9}$$

（4）健康舒适性能增量成本

健康舒适性能增量成本指绿色建筑为使用主体提供更优质的室内环境而多投入的成本。《绿色建筑评价标准》（GB/T 50378—2019）中健康舒适技术包括室内空气质量、水质、室内声环境、室内光环境及室内湿热环境。基准建筑也按照国家标准控制饮用水的水质，因此绿色建筑在这部分的增量成本可忽略不计，将其余四项技术产生的增量成本记为 $C_{健康舒适}$。

① 室内声环境。

建筑室内声环境的改善主要是通过应用隔声墙、隔声门窗、浮筑楼板等隔声和减震材料来实现，从而降低噪声和震动的影响，并保证室内的隐私性，将此项增量成本记

为 $C_{声环境}$。

② 室内光环境。

室内光环境的改善主要是指通过自然光源的利用创造舒适的室内光环境，并降低照明的能耗。自然光源利用技术包括光导管、智能照明系统等的应用，已在照明系统增量成本部分计算，此处不再重复。

③ 室内热环境。

室内空气的温度、湿度、流通速度会对室内热环境产生影响，进而影响使用主体的身心健康和工作效率。因此，保证适宜的热环境是建筑提高舒适度的必然要求，将由此产生的增量成本记为 $C_{热环境}$。

④ 室内空气质量。

空气质量是影响建筑舒适度的重要指标，绿色建筑通过安装新风系统及空气质量检测系统来保证空气质量。新风系统可以保证室内的风循环，空气质量检测系统可以对室内污染物和 $CO_2$ 浓度进行检测并自动调控，将由此产生的增量成本记为 $C_{空气质量}$。

综上所述，绿色建筑健康舒适性能增量成本的计算公式如下，常用设备成本见表5.8。

$$C_{健康舒适} = C_{声环境} + C_{热环境} + C_{空气质量} \tag{5.10}$$

表5.8 健康舒适性能常用设备及成本

| | 常用设备 | 价格（元/m²） |
|---|---|---|
| 室内热环境 | 电动卷帘遮阳 | 200～1000 |
| | 电动百叶遮阳 | 400～3500 |
| 室内空气质量 | 简易新风系统 | 20～70 |
| | 热回收新风系统 | 80～200 |

注：表中价格来源于市场询价。

（5）环境宜居性能增量成本

健康舒适性能主要针对建筑的室内环境，对于室外环境，《绿色建筑评价标准》（GB/T 50378—2019）设置环境宜居性能指标来规范，相应技术主要包括场地绿化、绿色雨水基础设施以及室外物理环境控制。本文将环境宜居性能增量成本记为 $C_{环境宜居}$。

① 场地绿化。

场地绿化能美化环境、缓解城市热岛效应，是改善住区环境进而提高生活质量的重要内容。《绿色建筑评价标准》（GB/T 50378—2019）中明确指出应充分利用场地空间来设置绿化用地，提倡采用景观绿化、屋顶绿化及垂直绿化等形式，将由此产生的增量成本记为 $C_{场地绿化}$。场地绿化常见形式的成本见表5.9、表5.10。

表5.9 不同类型屋顶绿化成本估算　　　　　　　　　　　　　　单位：元/m²

| | 二次防水层 | 保护层 | 隔根层 | 蓄水层 | 过滤层 | 种植基质 | 植物 | 共计 |
|---|---|---|---|---|---|---|---|---|
| 成本 | 40～80 | 15～20 | 10～20 | 25～50 | 10～15 | 35～80 | 50～85 | |
| 简式绿化 | — | — | √ | √ | √ | √ | √ | 130～235 |
| 花园式绿化 | √ | √ | √ | √ | √ | √ | √ | ≥350 |

表 5.10 不同类型垂直绿化成本估算 单位：元/m²

| 垂直绿化模式 | 植物 | 固定材料 | 共计 |
|---|---|---|---|
| 攀岩附壁式 | 2～10 | — | 2～10 |
| 牵引附壁式 | 2～10 | 5～10 | 10～15 |
| 壁架式 | 2～10 | 5～300 | 100～500 |
| 种植槽式 | 8～15 | 100～200 | 100～200 |
| 预制墙面式 | 8～10 | — | 500～700 |

② 绿色雨水基础设施。

绿色雨水基础设施包括下凹式绿地、雨水花园及透水设施（主要是透水地面）等，本研究将由此产生的增量成本记为 $C_{绿色雨水基础设施}$。

绿色雨水基础设施中最常见的是自然裸露地面、绿化地面及镂空面积大于 40% 的镂空铺地等透水地面。现代城市的地表大多被透水性差的路面或封闭性强的钢筋混凝土建筑覆盖，吸热和渗透能力弱，不仅浪费水资源，还会产生环境问题。透水地面的透水能力强，能有效缓解城市的热岛效应，及时补充地下水源并减轻城市排水系统的负荷。各类透水地面的成本及实例如表 5.11、图 5.6 所示。

表 5.11 不同类型透水地面成本估算

| 透水地面类型 | 构造 | 价格（元/m²） |
|---|---|---|
| 透水混凝土 | 彩色面层、透水基础、过滤层 | 10～250 |
| 透水砖 | 透水砖、砂浆 | 20～100 |
| 植草砖 | 植草砖、砂浆 | 20～50 |

注：表中价格来源于市场询价。

(a)透水地坪常见实例 　　　　(b)植草砖常见实例

图 5.6 各类透水地面实例

③ 室外物理环境控制。

《绿色建筑评价标准》（GB/T 50378—2019）中的室外物理环境控制技术涉及环境噪声、光污染、风环境和热岛强度。其中对光污染、风环境以及热岛强度的要求可在设计阶段满足，因此不计入环境宜居增量成本，即 $C_{室外物理环境} = C_{环境噪声控制}$。

环境噪声的控制分为从源头控制和在传播过程中控制两种：从源头控制指在声源处安装消声器、隔声罩等；在传播过程中控制指设置隔声吸声型屏障等。由此增加的投资即为环境噪声增量成本。

由此可以得到绿色建筑环境宜居性能增量成本的计算公式：

$$C_{环境宜居} = C_{场地绿化} + C_{绿色雨水基础设施} + C_{环境噪声控制} \tag{5.11}$$

综上所述，绿色建筑建设阶段增量成本的计算公式如下：

$$C_{建设} = C_{安全耐久} + C_{生活便利} + C_{资源节约} + C_{健康舒适} + C_{环境宜居} \tag{5.12}$$

建设阶段增量成本的构成如图 5.7 所示：

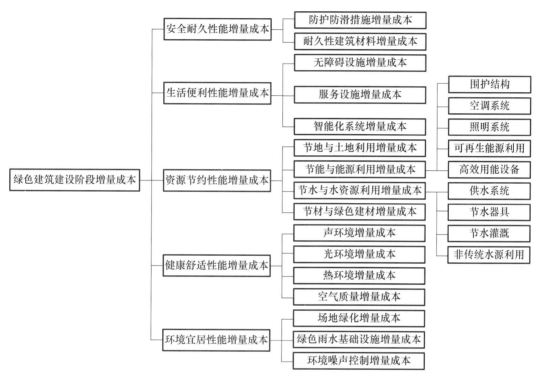

**图 5.7  绿色建筑建设阶段增量成本构成**

**2. 增量效益**

绿色建筑在建设阶段产生的增量效益主要是经济效益，将其记为 $B_{建设}$。除绿色建筑技术的使用外，绿色化施工也能给绿色建筑带来增量效益，建设阶段的增量效益主要是绿色施工过程中节能、节水、节材所带来的增量效益，分别简记为 $B_{施工节能}$、$B_{施工节水}$、$B_{施工节材}$。

（1）施工节能

施工节能增量效益主要来源于设备、用电以及清洁能源。首先，绿色施工选用低能耗、高效率、工艺成熟的设备并按要求定期进行设备维护，能保证设备的工作状态，有利于能耗的降低。其次，绿色施工能通过合理用电，减少施工现场的用电浪费。此外，绿色施工采用的清洁能源会产生一定的增量效益。

（2）施工节水

建设过程中的用水主要包括施工用水和生活用水两方面，绿色施工节水措施主要是雨水、施工废水、生活废水等非传统水源的循环利用，将此项增量效益记为 $B_{施工节水}$。

（3）施工节材

绿色建筑在建设阶段的节材增量效益主要来源于材料回收再利用、建材本地化及土建装修一体化。

① 材料回收再利用。

《绿色建筑评价标准》（GB/T 50378—2019）中提倡对金属、混凝土砌块、沥青、玻璃及石膏制品等可循环材料的再利用，由此产生的增量经济效益记为 $B_{施工废弃物}$，其包括减少建筑废弃物、节约材料及避免新材料对环境产生影响等。

② 建材本地化。

绿色建筑鼓励在施工过程中多用本地的建材，就地取材不仅能减少运输材料产生的能源消耗和环境污染，还能拉动当地建材行业的消费。由此减少的运输费用属于增量经济效益，记为 $B_{运输}$。

③ 土建装修一体化。

土建装修一体化要求土建和装修的设计和施工同时进行，这种建设模式不仅能节材，还能避免非专业人员在装修时损坏建筑结构的现象发生，由此产生的增量经济效益记为 $B_{设计一体化}$。

由此可以得到施工节材增量效益的计算公式：

$$B_{施工节材} = B_{施工废弃物} + B_{运输} + B_{设计一体化} \tag{5.13}$$

综上所述，绿色建筑建设阶段增量效益的计算公式如下：

$$B_{施工} = B_{施工节能} + B_{施工节水} + B_{施工节材} \tag{5.14}$$

绿色建筑在此阶段产生的增量效益构成如图 5.8 所示。

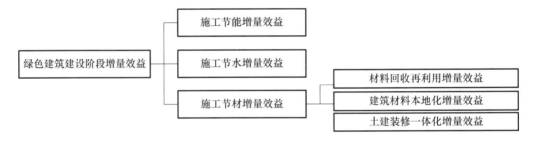

**图 5.8　绿色建筑建设阶段增量效益构成**

### 5.2.3　运营阶段增量成本和增量效益筛选与量化

**1. 增量成本**

建筑在运营阶段的费用指在其投入使用后，采取系列措施维护基本功能而产生的费用。相较于基准建筑，绿色建筑在此阶段产生的额外费用即其增量成本，记为 $C_{运营}$。由《绿色建筑评价标准》（GB/T 50378—2019）可知，$C_{运营}$ 主要来源于申报认证、运行维护及管理。

（1）申报认证

与政府补贴奖励效益类似，各类绿色建筑的申报认证虽均在建筑工程竣工后进行，但时间节点不同，因此本研究暂时将申报认证费用（$C_{申报认证}$）划分到运营阶段，进行实证分析时再根据项目实际情况划分。

（2）运行维护

在运营阶段，为确保设备和系统正常运行，需对其进行定期检查、维修等日常运行维护管理。与基准建筑相比，绿色建筑增添的设备包括：光伏发电设备、热泵系统、智能化系统、非传统水源利用设备等。上述设备的运行维护费用即绿色建筑在此阶段的增量成本，记为$C_{运行维护}$。

（3）管理

管理费用是建筑运营阶段费用的主要来源之一。将绿色建筑在此阶段的增量成本记为$C_{管理}$，主要包括废弃物管理成本及绿化管理成本。

绿色建筑会对运营阶段产生的生活垃圾、废气、废水等废弃物进行分类处理，并对可利用废弃物进行回收处理，由此增加的成本记为$C_{废弃物管理}$。绿化管理增量成本主要来源于绿色建筑增设的绿化场地及绿地的无公害防治技术，将此项增加成本记为$C_{绿化管理}$。由此可以得到运营阶段增量管理成本的计算公式：

$$C_{管理}＝C_{废弃物管理}＋C_{绿化管理} \tag{5.15}$$

综上所述，绿色建筑运营阶段增量成本的计算公式如下：

$$C_{运营}＝C_{申报认证}＋C_{运行维护}＋C_{管理} \tag{5.16}$$

绿色建筑在此阶段的增量成本构成如图5.9所示。

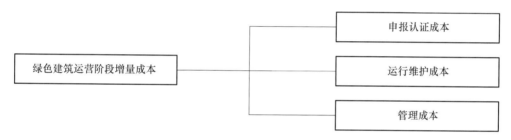

**图5.9　绿色建筑运营阶段增量成本构成**

注：各类建筑申报时间节点不同，本研究暂时将申报认证成本划分到运营阶段。

**2. 增量效益**

基准建筑在运营阶段的能耗最高，能源总量中有近八成消耗于运营阶段。而绿色建筑在此阶段的运营维护成本低、产生的效益高，最能体现绿色建筑的优越性。绿色建筑在此阶段的增量效益包括经济效益、环境效益以及社会效益三个方面。

（1）增量经济效益

绿色建筑因采用绿色建筑技术而产生增量效益，而在《绿色建筑评价标准》（GB/T 50378—2019）的五类绿色技术中，只有资源节约技术能直接带来经济效益。因此，本研究对增量经济效益的分析从节地、节能及节水这三项资源节约技术的角度展开，并将绿色建筑在运营阶段的经济效益简记为EcB（Economic Benefit）。

此外，绿色建筑经申报认证后会获得政府为调动开发主体建设积极性而设立的补贴与奖励，因此绿色建筑的增量经济效益还包括政府补贴奖励。但由于各类建筑获得补贴的时间不同，暂时将此项效益划分到运营阶段，进行实例分析时，再根据项目实际情况细致划分。

①节地与土地利用技术。

上文分析绿色建筑增量成本时提到，节地技术包括地下空间的开发利用以及废弃场地的利用，则节地技术的增量效益来自这两方面。其中，地下空间开发技术已普及到传统建筑建设过程中，此项增量效益可忽略不计。废弃场地利用的增量效益来自节省的土地成本，由于节省的土地成本难以量化计算，所以在实例分析中，这部分经济效益暂不考虑。综上所述，节地与土地利用增量经济效益为零，即$EcB_{节地}=0$。

②节能与能源利用技术。

节能技术包括围护结构节能、地源热泵空调系统节能、屋顶绿化照明系统节能、可再生能源的利用以及节能控制措施的采用，节能技术的增量效益来自这五个方面。

a. 围护结构。

围护结构指门窗、外墙等，其节能经济效益来自减少因传热而浪费的能耗。参考周梦对外围护结构效益的计算方式，本研究通过节电量来估算围护结构的节能效益（$EcB_{围护}$），计算公式如下：

$$EcB_{围护}=\Delta P_{围护}\times C_{电价}=\left[\left(\frac{Q_{基准}-Q_{绿色}}{EER_{基准}}\right)+\left(\frac{Q'_{基准}-Q'_{绿色}}{COP_{基准}}\right)\right]\cdot C_{电价} \qquad (5.17)$$

式中　　$\Delta P_{围护}$——围护结构年均节电量，kW·h；

　　　　$C_{电价}$——用电价格，元/（kW·h）；

　$Q_{基准}$，$Q_{绿色}$——基准建筑、绿色建筑年均夏季冷负荷，kW·h；

$Q'_{基准}$，$Q'_{绿色}$——基准建筑、绿色建筑年均冬季热负荷，kW·h；

$EER_{基准}$，$COP_{基准}$——基准建筑制冷能效比、制热能效比。

b. 地源热泵空调系统。

地源热泵空调能有效降低空调系统的能耗，其节能经济效益（$EcB_{空调}$）同样通过节电量来衡量，计算公式如下：

$$EcB_{空调}=\Delta P_{空调}\cdot C_{电价} \qquad (5.18)$$

式中　$\Delta P_{空调}$——空调系统节电量，kW·h；

　　　$C_{电价}$——用电价格，元/（kW·h）。

根据对地源热泵系统运行电量的估算方式，通过测算建筑使用普通空调与地源热泵空调的耗电量得到地源热泵系统的节电量，计算公式如下：

$$\Delta P_{空调}=\left(\frac{G_{绿色}\cdot t_1}{EER_{基准}}-\frac{G_{绿色}\cdot t_1}{EER_{绿色}}\right)+\left(\frac{G'_{绿色}\cdot t_1}{COP_{基准}}-\frac{G'_{绿色}\cdot t_1}{COP_{绿色}}\right) \qquad (5.19)$$

式中　　　$\Delta P_{空调}$——地源热泵空调系统节电量，kW·h；

　$G_{绿色}$，$G'_{绿色}$——绿色建筑夏季冷负荷、冬季热负荷，W/m²；

$EER_{基准}$，$EER_{绿色}$——基准建筑空调、绿色建筑空调制冷能效比；

$COP_{基准}$，$COP_{绿色}$——基准建筑空调、绿色建筑空调制热能效比；

　　　　　$t_1$——地源热泵系统年均运行时间，h。

c. 屋顶绿化。

屋顶绿化除增加绿化面积外，还有保温的效果，有实验研究证明，采用绿化屋面的建筑，其夏季（冬季）室内温度比普通屋面建筑平均低1.3℃（高1℃）。

唐鸣放在假设普通屋面建筑增加（散失）热量均由空调系统平衡的前提下，通过实验测算出绿化屋面建筑每天可节约的电量约为0.1kW·h/m²，李连龙和赵定国测算的日均节电量约为0.18kW·h/m²。参考上述研究，用节电量来衡量屋顶绿化节能效益，并选取两组实验结果均值0.14kW·h/m²作为本研究的计算数据，则屋顶绿化节能经济效益

（$EcB_{屋顶绿化}$）的计算公式如下：

$$EcB_{屋顶绿化} = \Delta P_{屋顶绿化} \cdot C_{电价} = \Delta Q_{屋顶绿化} \cdot A_{屋顶} \cdot T_{制冷} \cdot C_{电价} \tag{5.20}$$

式中　$\Delta P_{屋顶绿化}$——屋顶绿化节电量，$kW \cdot h$；

$\quad\quad C_{电价}$——用电价格，元/$(kW \cdot h)$；

$\quad\quad \Delta Q_{屋顶绿化}$——每平方米屋顶绿化的日均节电量，$kW \cdot h/(m^2 \cdot d)$；

$\quad\quad A_{屋顶}$——绿化屋顶面积，$m^2$；

$\quad\quad T_{制冷}$——当地年均采暖期与制冷期天数，根据各地情况确定。

d. 照明系统。

绿色建筑的照明系统能充分利用自然光，进而降低建筑照明所需能耗。与上述节能效益类似，照明系统节能效益（$EcB_{照明}$）也通过节电量来体现，计算公式如下：

$$EcB_{照明} = \Delta P_{照明} \cdot C_{电价} = (Q_{基准} - Q_{绿色}) \cdot C_{电价} \tag{5.21}$$

式中　$\Delta P_{照明}$——照明系统节电量，$kW \cdot h$；

$\quad\quad C_{电价}$——用电价格，元/$(kW \cdot h)$；

$\quad\quad Q_{基准}$，$Q_{绿色}$——基准建筑照明系统、绿色建筑照明系统年均用电量，$kW \cdot h$。

e. 可再生能源利用。

绿色建筑的可再生能源利用增量效益（$EcB_{可再生能源}$）主要来源于太阳能技术及热泵技术。其中，太阳能技术增量效益包括太阳能光电系统增量效益（$EcB_{光电系统}$）和太阳能光热系统增量效益（$EcB_{光热系统}$），热泵技术主要应用于空调系统，此处不再重复计算。

ⓐ 太阳能光电系统。

太阳能光电系统可以将太阳能转化为电能供建筑使用。目前，绿色建筑应用较多的技术是光伏发电，因此参照伍静仪对太阳能光电系统节能的估算方式，测算绿色建筑光伏发电节电量及经济效益，计算公式如下：

$$EcB_{光电系统} = \Delta P_{光电系统} \cdot C_{电价} = \Delta Q_{光电系统} \cdot C_{电价}$$
$$= J_{太阳能} \cdot A_{光伏} \cdot \eta_{光伏} \cdot C_{电价} \tag{5.22}$$

式中　$\Delta P_{光电系统}$——光电系统年均供电量，$kW \cdot h$；

$\quad\quad \Delta Q_{光电系统}$——光电系统每年为绿色建筑增加的电能，$kJ$；

$\quad\quad J_{太阳能}$——太阳年均辐射量，$kJ/m^2$；

$\quad\quad A_{光伏}$——光伏阵列采光面积，$m^2$；

$\quad\quad \eta_{光伏}$——光伏阵列转换效率。

太阳能光电系统除了能为绿色建筑节省电费外，还能获得政府给予的光伏补贴。国家发展和改革委员会、财政部、国家能源局发布的《关于2018年光伏发电有关事项的通知》中规定，补贴金额为0.32元/$(kW \cdot h)$，补贴期限为20年。光伏补贴与政府的补贴奖励类似，都是内部转移支付，因此不计入增量成本效益分析中。

ⓑ 太阳能光热系统。

太阳能光热系统能收集太阳辐射的热量加以利用，现代建筑中最常见的光热系统设备是太阳能热水器。本研究参照伍静仪对太阳能热水系统节能的估算方式，测算绿色建筑利用太阳能热水器加热生活用水的节电量及经济效益，计算公式如下：

$$EcB_{光热系统} = \Delta P_{光热系统} \cdot C_{电价} = \Delta Q_{光热系统} \cdot C_{电价}$$
$$= Q_{太阳能热水器} \cdot C_{水} \cdot \Delta t \cdot f \cdot C_{电价} \tag{5.23}$$

式中　$\Delta P_{\text{光热系统}}$——光热系统年均节电量，kW·h；

　　　$\Delta Q_{\text{光热系统}}$——光热系统年均节省电能，kJ；

　　　$Q_{\text{太阳能热水器}}$——太阳能热水器年均用水量，kg；

　　　$C_{\text{水}}$——水的比热容，取值为 4.186kJ/(kg·℃)；

　　　$\Delta t$——水箱内水的最终温度和初始温度的差值，℃；

　　　$f$——太阳能保证率，指太阳能热水器年均可利用太阳能的天数，取值一般在 0.3～0.8 范围内。

　　f. 节能控制措施。

本研究的节能控制措施指选用节能电梯，对于其增量经济效益（$EcB_{\text{节能电梯}}$），参照国际标准化组织对升降机和扶梯能源性能的研究，确定节能电梯节电量及经济效益的计算公式如下：

$$EcB_{\text{节能电梯}}=\Delta P_{\text{节能电梯}}\cdot C_{\text{电价}}=(Q_{\text{普通电梯}}\cdot\alpha_{\text{节能电梯}})\cdot C_{\text{电价}} \tag{5.24-1}$$

$$Q_{\text{普通电梯}}=\frac{K_1\cdot K_2\cdot K_3\cdot H\cdot F\cdot P}{3600V}+E_{\text{待机}} \tag{5.24-2}$$

式中　$\Delta P_{\text{节能电梯}}$——节能电梯节电量，kW·h；

　　　$Q_{\text{普通电梯}}$——普通电梯用电量，kW·h；

　　　$\alpha_{\text{节能电梯}}$——节能电梯节能率；

　　　$K_1$——驱动系统系数，一般有 1.6（交流调压调速驱动系统）、1.0（变频变压调速驱动系统）以及 0.6（带能量反馈的变频变压调速驱动系统）三个取值；

　　　$K_2$——电梯的运行距离系数，一般有 1.0（2 层）、0.5（单梯或两台电梯且超过 2 层）以及 0.3（3 台及以上）三个取值；

　　　$K_3$——轿内平均荷载系数，一般取 0.35；

　　　$H$——电梯的最大运行距离，m；

　　　$F$——普通电梯的年均启动次数，一般在 100000～300000 范围内取值，本研究取平均值 200000；

　　　$P$——普通电梯的额定功率，kW；

　　　$V$——普通电梯运行速度，m/s；

　　　$E_{\text{待机}}$——普通电梯年均待机时耗费的总能量，kW·h。

③ 节水与水资源利用技术。

绿色建筑的节水增量效益（$EcB_{\text{节水}}$）集中产生于运营阶段，来源于节水器具、节水灌溉及非传统水源应用。

　　a. 节水器具。

节水器具能在满足使用要求的前提下减少建筑用水，绿色建筑因采用节水器具而产生的增量效益（$EcB_{\text{节水器具}}$）可通过器具节水率来计算，计算公式如下：

$$EcB_{\text{节水器具}}=Q_{\text{用水}}\cdot\alpha_{\text{节水器具}}\cdot C_{\text{水价}} \tag{5.25}$$

式中　$Q_{\text{用水}}$——标准用水量，m³；

　　　$\alpha_{\text{节水器具}}$——节水器具节水率；

　　　$C_{\text{水价}}$——用水价格，元/m³。

b. 节水灌溉。

节水灌溉的增量经济效益（$EcB_{绿化灌溉}$）来源于节水灌溉方式、智能化灌溉方式所节约的用水量。无论是绿色建筑的节水灌溉还是基准建筑的普通灌溉，其用水定额均可根据相关标准得知，因此本研究根据两种灌溉的用水定额进行节水灌溉增量效益测算，计算公式如下：

$$EcB_{节水灌溉}＝Q_{节水灌溉}\cdot C_{水价}＝（q'－q）\cdot A_{绿化} \tag{5.26}$$

式中　$Q_{节水灌溉}$——节水灌溉技术年均节水量，$m^3$；

　　　$q'$——绿化灌溉的年均用水定额，$m^3/m^2$，根据《建筑给水排水设计标准》（GB 50015—2019）的规定，本文取其值为 $0.73m^3/m^2$；

　　　$q$——节水灌溉的年均用水定额，$m^3/m^2$，根据《民用建筑节水设计标准》（GB 50555—2010）的规定，本文取其值为 $0.5m^3/m^2$；

　　　$A_{绿化}$——采用节水灌溉的绿化面积，$m^2$。

c. 非传统水源利用技术。

绿色建筑非传统水源利用增量效益主要包括中水回用增量效益（$EcB_{中水回用}$）及雨水收集利用增量效益（$EcB_{雨水利用}$）。

ⓐ 中水回用。

中水回用增量效益可直接通过中水的有效回收利用量来测算，计算公式如下：

$$EcB_{中水回用}＝Q_{中水}\cdot C_{水价} \tag{5.27}$$

式中　$Q_{中水}$——中水的有效回收利用量，$m^3$；

　　　$C_{水价}$——用水价格，元$/m^3$。

ⓑ 雨水收集利用。

与中水回用类似，雨水收集利用增量效益可直接通过雨水的有效回收利用量来测算，计算公式如下：

$$EcB_{雨水利用}＝Q_{雨水}\cdot C_{水价} \tag{5.28}$$

式中　$Q_{雨水}$——雨水的有效回收利用量，$m^3$；

　　　$C_{水价}$——用水价格，元$/m^3$。

④ 政府补贴奖励。

本研究将政府补贴奖励经济效益记为 $B_{补贴奖励}$，由《关于加快推动我国绿色建筑发展的实施意见》可知，我国对高星级绿色建筑的财政奖励制度为：经认证后获得二星级标识的绿色建筑，每平方米奖励 45 元，三星级标识的每平方米奖励 80 元。虽然政府发放的奖励金属于直接经济效益，但是在进行绿色建筑增量成本效益分析时不应将其计入。奖励金并不是因采用绿色建筑技术而带来的实际资源增加，从社会范围内来看，该项收益是在内部发生的转移支付，因此不计入增量成本效益分析中。

（2）增量环境效益

绿色建筑的环境效益主要是对空气质量的改善：一方面，绿色建筑的资源节约技术（如节电）能减少大气污染物和 $CO_2$ 的排放量；另一方面，绿色建筑的场地绿化技术（如屋顶绿化）能吸收粉尘、产生 $O_2$。提升空气质量的效益包括直接和间接两部分，直接效益指减少排放大气污染物等带来的效益，间接效益指通过减少大气污染物来降低建筑物所受腐蚀侵害的效益。

本研究将绿色建筑的增量环境效益简记为 EnB（Environmental Benefits），环境效益虽然不能直接同经济挂钩，但环境的改善的确会在一定程度上创造经济价值。本研究通过污染物的处理价格、工业制氧价格等将环境效益转化，便于衡量其经济价值，也方便与其他效益的比较。

① 空气质量提升直接效益。

$SO_2$、$NO_x$ 以及烟尘等大气污染物的增加会影响人体健康，$CO_2$ 的增多会加剧温室效应，空气质量与人类的发展和生存息息相关。绿色建筑通过节约用电以及屋顶绿化能有效减少大气污染物和 $CO_2$ 的排放量，进而降低对人体健康的影响并缓解温室效应。

a. 节约用电。

目前我国的主流产电方式仍是以煤炭、石油为燃料的火力发电，这种化石燃料的燃烧会产生大量的 $CO_2$、$SO_2$、$NO_x$ 和烟尘等。在运营阶段，绿色建筑通过节电减少因发电而排放的大气污染物和 $CO_2$，由此产生的环境效益记为 $EnB_{节电}$。

本研究通过绿色建筑节电量来测算节约用电的环境效益，除节电量外，发电所需标准煤量、标准煤燃烧释放大气污染物和 $CO_2$ 的量以及大气污染物和 $CO_2$ 的减排经济效益都是影响节约用电环境效益的因素。已知节约 $1kW \cdot h$ 电相当于节约 $0.0004t$ 标准煤，则 $EnB_{节电}$ 的计算公式如下：

$$EnB_{节电} = 0.0004 \cdot \Delta P_{节电} \cdot \alpha_{排放} \cdot C_{减排} \tag{5.29}$$

式中　$\Delta P_{节电}$——运营阶段的年总节电量，$kW \cdot h$；

　　　　$\alpha_{排放}$——标准煤燃烧主要排放物的排放系数，$t/tce$，tce 指 1t 标准煤；

　　　　$C_{减排}$——标准煤燃烧主要排放物的减排价值，元/吨。

标准煤燃烧产生的大气污染物及 $CO_2$ 的排放系数和减排价值见表 5.12。根据上述数值可计算节约用电的环境效益。

表 5.12　排放物系数及减排价值

| 排放物 | 排放系数（t/tce） | 减排价值（元/吨） | 减排价值确定依据 |
|---|---|---|---|
| $CO_2$ | 2.457 | 345.5 | 碳捕集与封存技术处理成本统计 |
| $SO_2$ | 0.017 | 20000.0 | 造成的国民经济损失 |
| $NO_x$ | 0.016 | 631.6 | 排污收费标准 |
| 烟尘 | 0.010 | 275.2 | 排污收费标准 |

b. 屋顶绿化。

绿化后的屋顶能通过吸收 $CO_2$、$SO_2$、粉尘及产生 $O_2$ 来提升空气质量，本研究将屋顶绿化环境效益记为 $EnB_{屋顶绿化}$。屋顶绿化的环境效益需通过大气污染物、$CO_2$ 的吸收量及 $O_2$ 的释放量来衡量，与节电环境效益类似，本研究计算屋顶绿化效益时也考虑了大气污染物、$CO_2$ 的减排价值及 $O_2$ 的价格等因素的影响。已知屋顶绿化主要吸收（排放）物的年均数量（表 5.13），则 $EnB_{屋顶绿化}$ 的计算公式如下：

$$EnB_{屋顶绿化} = N_{屋顶绿化} \cdot C_{价值} \cdot A_{屋顶绿化} \tag{5.30}$$

式中　$N_{屋顶绿化}$——屋顶绿化主要吸收、释放各气体（固体）的年均数量，$t/m^2$；

　　　　$C_{价值}$——屋顶绿化主要吸收、释放各气体（固体）的减排价值（价格），元/吨。

表5.13 屋顶绿化主要吸收、释放各气体（固体）的年均数量

| 气体（固体） | 年均数量（t/m²） |
|---|---|
| $CO_2$ | $14.6 \times 10^{-3}$ |
| $SO_2$ | $3.1 \times 10^{-3}$ |
| 烟尘 | $10.4 \times 10^{-6}$ |
| $O_2$ | $10.6 \times 10^{-3}$ |

根据已有研究可知，工业氧的价格一般在 $700 \sim 900$ 元/吨，本研究取其均值 800 元/吨，再根据表 5.12 中 $CO_2$、$SO_2$、烟尘的减排价值，可计算屋顶绿化的环境效益。

② 空气质量提升间接效益。

除危害人体健康外，大气污染物还会对建筑物产生腐蚀作用。这种腐蚀作用不仅会带来高额的维护费用，还会降低建筑物的使用寿命。绿色建筑能有效降低大气污染物的排放量，进而降低腐蚀作用，延长建筑物的使用寿命，本研究将此项效益记为 $EnB_{耐久}$。

参考周梦对延长建材使用寿命的计算方式，本研究通过计算基准建筑和绿色建筑环境下的大气综合污染指数来衡量提升空气质量的间接效益，计算公式如下：

$$EnB_{耐久} = A_{绿建} \cdot \alpha_{耐久} \cdot （P_{基准} - P_{绿色}） \tag{5.31-1}$$

$$P = \frac{X}{60} + \frac{Y}{40} + \frac{Z}{70} \tag{5.31-2}$$

式中　$\alpha_{耐久}$——建筑物耐久性效益调整系数，一般在 $0.3 \sim 0.5$ 范围内取值，本研究取其均值 0.4；

　$P_{基准}$、$P_{绿色}$——基准建筑、绿色建筑环境下大气综合污染指数；

　$X$、$Y$、$Z$——建筑环境下 $SO_2$ 浓度、$NO_2$ 浓度及 $PM_{10}$ 浓度的年平均值，$\mu g/m^3$；

　60，40，70——根据《环境空气质量标准》（GB 3095—2012）中空气污染物 $SO_2$、$NO_2$、PM10 的二级浓度限值确定。

（3）增量社会效益。

绿色建筑的受益群体不仅局限于开发主体和使用主体，而是已扩展到全社会，绿色建筑为社会群体做出的贡献即社会效益，记为 ScB（Social Benefit）。健康舒适和环境宜居性能使得绿色建筑在室内外环境方面具有优越性，不仅有益于使用者的身体健康，还能提高其工作效率，由此产生人体健康效益及工作效率提高效益。此外，资源节约性能使得绿色建筑在运营期间节约大量水电，能为市政给排水系统、市政电力系统等公共事业带来节约效益。

与环境效益类似，社会效益虽不属于直接效益，但的确会创造一定的经济价值，本研究通过相应的转化方式来衡量其经济价值，同时也便于效益间的比较。

① 人体健康。

绿色建筑在全寿命周期内排放的大气污染物少，能降低由大气污染物诱发的呼吸系统疾病、癌症等疾病的发病率。此外，绿色建筑还能为使用者提供良好的室内环境，包括充足的自然采光、适宜的温度和湿度、优质的空气等。绿色建筑的上述优势能减少因疾病产生的医疗费用和劳动日损失，将这部分增量效益记为 $ScB_{健康}$，计算公式如下：

$$ScB_{健康} = ScB_{医疗费用} + ScB_{劳动日损失} \tag{5.32}$$

根据对人体健康损失的研究，此项费用所涉及的参数包括消费者节省的医疗费用、疾

病种类百分比、生病天数中劳动日所占比例及劳动日损失调整系数，本研究根据相关研究将上述参数分别确定为 160 元/(年·人)、30%、40%、10。由上述分析得到人体健康效益计算公式如下：

$$ScB_{医疗费用}＝160×30\%×（P_{基准}－P_{绿色}）×n \tag{5.33}$$

$$ScB_{劳动日损失}＝40\%×30\%×GDP_{人均}×（P_{基准}－P_{绿色}）×10 \tag{5.34}$$

式中　$ScB_{医疗费用}$——节省医疗费用效益；

　$ScB_{劳动日损失}$——降低劳动日损失效益；

　$P_{基准}$，$P_{绿色}$——基准建筑、绿色建筑环境下大气综合污染指数；

　$n$——绿色建筑所能容纳使用者人数，人；

　$GDP_{人均}$——绿色建筑内部居民、员工年度人均 GDP，元。

② 工作效率提高。

绿色建筑为使用主体提供良好的环境，使其工作效率提高，为社会创造的价值增多，将此项社会效益记为 $ScB_{工作效率}$，参照已有研究得到其计算公式：

$$ScB_{工作效率}＝i·GDP_{人均}·n \tag{5.35}$$

式中　$ScB_{工作效率}$——工作效率提高效益；

　$i$——工作效率提高率，取值范围为 1.2%~8.9%；

　$n$——绿色建筑所能容纳使用者人数，人；

　$GDP_{人均}$——绿色建筑内部居民、员工年度人均 GDP，元。

③ 公共事业节约。

a. 节电社会效益。

绿色建筑的节电技术可以减少其对电量的需求，能从一定程度上减少因缺电导致的财政损失和市政电力系统的建设运行费用，将此项增量效益记为 $ScB_{节电}$。

已知缺电导致的国家财政损失为 0.22 元/(kW·h)，节电可降低的发电投资为 0.2 元/(kW·h)，则绿色建筑的节电社会效益为 0.42 元/(kW·h)。参考上述数值并结合年均节电量可以测算绿色建筑的节电社会效益，计算公式如下：

$$ScB_{节电}＝Q_{节电}·P_{节电效益} \tag{5.36}$$

式中　$Q_{节电}$——绿色建筑年均节电量，kW·h；

　$P_{节电效益}$——单位节电社会效益，元/(kW·h)。

b. 节水社会效益。

绿色建筑的节水技术可以减少其对给排水的需求，能从一定程度上减少因缺水导致的财政损失和市政排水系统的建设运行费用，将此项增量效益记为 $ScB_{节水}$。

已知缺水导致国家财政收入的减少为 5.48 元/m³，市政排水系统中城市排水设施的建设费用、城市污水处理费用以及管网运行费用总计约为 0.76 元/m³，则绿色建筑的节水社会效益为 6.24 元/m³。与节电社会效益类似，在参考上述数值的基础上，结合年均节水量可以测算绿色建筑的节水社会效益，计算公式如下：

$$ScB_{节水}＝Q_{节水}·P_{节水效益} \tag{5.37}$$

式中　$Q_{节水}$——绿色建筑年均节水量，m³；

　$P_{节水效益}$——单位节水社会效益，元/m³。

根据上述分析可以得到绿色建筑在运营阶段的增量效益构成，如图 5.10 所示。

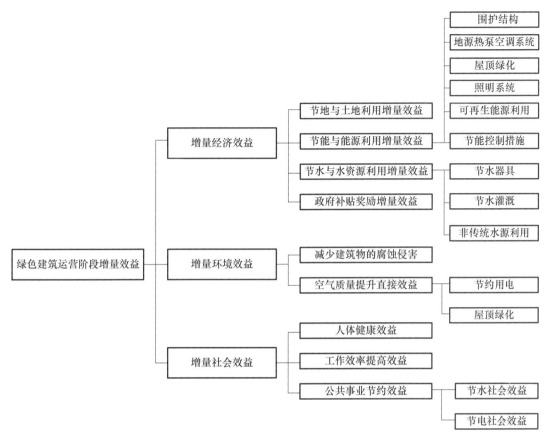

**图 5.10 绿色建筑运营阶段的增量效益构成**

注：各类建筑获得政府补贴奖励的时间节点不同，本研究暂时将此项效益划分到运营阶段，且政府补贴奖励是内部转移支付，不计入增量成本效益分析中。

### 5.2.4 拆除报废阶段增量成本和增量效益筛选与量化

**1. 增量成本**

绿色建筑的建材包括可循环材料，因此在拆除报废阶段，绿色建筑的增量成本主要是回收加工费用。绿色施工过程使得绿色建筑的拆除变得更简单、工期更短。因此，虽然绿色建筑在拆除报废阶段有回收加工费用，但可以用节省的拆除费用抵扣，最终的结果是绿色建筑在此阶段的成本与基准建筑相差不多。有研究表明，按照市场定价，绿色建筑的平均拆除费用为 20 元/m²，与基准建筑的费用相差不多。因此，本研究认为绿色建筑在此阶段的增量成本为零，即 $C_{报废阶段}=0$。

**2. 增量效益**

绿色建筑在报废阶段的增量效益主要是经济效益，来自节省的拆除费用，将此项收益记为 $B_{报废}$。本研究在分析此阶段增量成本时提出，将绿色建筑节省的拆除费用用于抵扣增加的回收加工费，抵扣的结果是 $C_{报废阶段}=0$。因此，本研究认为绿色建筑在此阶段的增量效益为零，即 $B_{报废}=0$。

通过前文的筛选和测算，可以得到绿色建筑全寿命周期各阶段的增量成本和增量效益构成，见表 5.14。

**表 5.14  绿色建筑全寿命周期各阶段增量成本和增量效益构成**

| 不同阶段 | 增量成本 | 增量收益 |
|---|---|---|
| 决策设计阶段 | $C_{咨询}$，$C_{设计}$，$C_{模拟}$ | — |
| 建设阶段 | $C_{安全耐久}$，$C_{生活便利}$，$C_{资源节约}$，$C_{健康舒适}$，$C_{环境宜居}$ | $B_{施工节能}$，$B_{施工节水}$，$B_{施工节材}$ |
| 运营阶段 | $C_{申报认证}$，$C_{运行维护}$，$C_{管理}$ | $EcB_{节地}$，$EcB_{节能}$，$EcB_{节水}$，$B_{补贴奖励}$，$EnB$，$ScB$ |
| 拆除报废阶段 | — | — |

　　增量成本和增量效益经筛选后，可以借鉴工程经济学中的现金流量图，类比资金流入与支出的方式，将绿色建筑各个阶段的增量成本和增量效益表示出来。向上的箭头代表增量效益，向下的箭头代表增量成本，得到的现金流量图如图 5.11 所示。

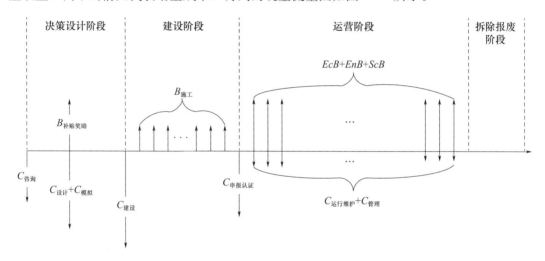

**图 5.11  增量成本和增量效益现金流量图**

注：图中线段长短并不代表实际资金量的大小。

### 5.2.5  绿色建筑增量成本效益分析模型

　　上文结合绿色建筑技术分析及"有无"对比分析，筛选出绿色建筑在全寿命周期内的增量成本与增量效益，并给出量化的计算公式。在此基础上，本节根据经济效果评价的指标和方法，构建绿色建筑增量成本效益分析模型，对增量成本进行经济效果评价。

　　本章分析绿色建筑增量效益时提到，政府补贴奖励属于内部转移支付，不计入经济效益评价体系中。而对于某一绿色建筑项目的利益主体来说，政府补贴的确会对项目的经济性产生影响，因此，本节对增量成本的经济效果评价根据是否计入政府补贴奖励分别展开。此外，虽然环境效益和社会效益经量化后以货币的形式呈现，但对于某一绿色建筑项目的利益主体来说，这两项效益并不能完全转变为实际的收入。因此，本节对增量成本的经济效果评价根据是否计入环境效益和社会效益分别展开。

　　（1）增量净现值

　　本研究通过该指标分析增量成本的经济效果，衡量增量成本的投入是否物有所值。增量净现值的计算方式为在考虑资金时间价值的基础上，将全寿命周期内的增量成本与增量效益折算到建设初期后加和，计算公式如下：

$$NPV_{ic} = \sum_{t=0}^{n}(B_t - C_t) \cdot (1+i)^{-t} \tag{5.38}$$

式中　$NPV_{ic}$——增量净现值；

$n$——项目寿命周期；

$t$——折算计算周期；

$B_t$，$C_t$——第 $t$ 个折算计算周期内绿色建筑增量效益、增量成本；

$i$——社会折现率。

$NPV_{ic} > 0$ 表明增量成本产生的增量效益大于其本身，即绿色建筑因增量成本而产生了更多的收益，可以获得更高的利润。$NPV_{ic} > 0$ 表明增量成本的经济性强，有利于绿色建筑的推广。$NPV_{ic} = 0$，表明增量成本产生的增量效益仅能弥补为实现绿色建筑建设所增加的投资，不能提供额外的利润，不利于提高利益主体参与绿色建筑建设的积极性。$NPV_{ic} < 0$ 表明绿色建筑的增量效益不足以弥补其增量成本，如果不采取相关措施提高其经济性，将会影响绿色建筑的推广。

（2）增量内部收益率。

该指标能分析投入的增量成本所能达到的实际收益率，是衡量增量成本产生效益情况的重要指标。该指标是绿色建筑在全寿命周期内增量成本和增量效益的现值累计为零时的折现率，计算公式如下：

$$\sum_{t=0}^{n}(B_t - C_t) \cdot (1+IRR_{ic})^{-t} = 0 \tag{5.39}$$

式中　$IRR_{ic}$——增量内部收益率；

$n$——项目生命周期；

$t$——折算计算周期；

$B_t$，$C_t$——第 $t$ 个折算计算周期内的绿色建筑增量效益、增量成本。

增量内部收益率在计算时无须事先设定折现率，能有效降低外部参数的影响，更客观地反映增量成本的经济性。$IRR_{ic} \geqslant i$（$i$ 为社会折现率）表明增量成本的经济效益尚可，增量成本的投入可以被接受；$IRR_{ic} < i$ 表明增量成本的经济效益差，只从经济的角度考虑，没有增加投入以实现建筑绿色性能的必要。

（3）增量效益成本比。

增量效益成本比源于经济学的效益费用比，为增量效益现值和增量成本现值的比值，计算公式如下：

$$R_{ic} = \frac{\sum_{t=0}^{n} B_t \cdot (1+i)^{-t}}{\sum_{t=0}^{n} C_t \cdot (1+i)^{-t}} \tag{5.40}$$

式中　$R_{ic}$——增量效益成本比；

$n$——项目寿命周期；

$t$——折算计算周期；

$B_t$，$C_t$——第 $t$ 个折算计算周期内的绿色建筑增量效益、增量成本；

$i$——社会折现率。

增量效益成本比可以计算单位增量成本所带来的增量效益。若 $R_{ic}>1$，则单位增量成本带来的效益大于1，表明增量成本产生的效益大于其本身，为实现绿色建筑而增加的成本投入具有一定的经济价值，且 $R_{ic}$ 值越大，增量成本的经济效益越好；若 $R_{ic}\leqslant1$，则表明增量成本的效益小于其本身，经济性差，为实现绿色建筑而增加成本的可行性低。

（4）增量成本动态回收期

运用增量成本动态回收期指标来计算增量成本与增量效益经济价值等效的时间，以衡量增量成本的回收情况，计算公式如下：

$$\sum_{t=0}^{TP_{ic}} (B_t - C_t) \cdot (1+i)^{-t} = 0 \tag{5.41}$$

式中　$TP_{ic}$——增量成本动态回收期；

　　　　$t$——折算计算周期；

　　　　$B_t$，$C_t$——第 $t$ 个折算计算周期内的绿色建筑增量效益、增量成本；

　　　　$i$——社会折现率。

（5）敏感性分析

提升经济效益是实现绿色建筑推广的关键，而增量成本和增量效益能直接影响绿色建筑项目的经济性。因此，本研究对增量成本和增量效益进行敏感性分析，主要分析绿色建筑经济性随两者变化的波动情况，找到对经济性影响最大的因素，为降低绿色建筑的增量成本、提高经济效益提供理论基础，确保绿色建筑的顺利推广。

通过敏感性分析，可以找出对绿色建筑经济效益影响较大的敏感因素，从而帮助利益主体选择项目的最优实施方案，降低敏感因素变动给项目带来的风险，通过规避风险来提升绿色建筑的经济效益。本研究选择增量净现值和增量内部收益率这两个开发商更为关注的经济评价指标，进行敏感性分析。

增量成本、增量效益是本研究进行分析的因素，其中，增量成本的变化通过金额变动体现。增量效益的变化源于市场价格波动、科学技术提高带来的节能效果提高两方面的变化，而经济效益主要来自节能、节水技术，因此市场价格波动通过电价、水价的变化体现，节能效果通过节电量和节水量的变化体现。综上所述，本研究选择增量成本、节电量、节水量、电价以及水价作为不确定性因素对绿色建筑经济性进行敏感性分析，并根据分析时设定的变动因素的数量不同分别进行单因素敏感性分析和多因素敏感性分析。

## 5.3　建筑业绿色经济评价 ▶▶▶

2012年联合国可持续发展大会将"绿色经济"确立为未来社会经济发展的主要任务之一。在此驱动下，为应对建筑业高能耗、高碳排放等问题，我国陆续颁布了一系列有关绿色建筑的导则、评价标准和行动方案等，大力推动建筑业发展绿色经济。同时，为实现我国2030年碳达峰目标，发展绿色经济成为建筑业突破资源与环境约束，推动经济—环境—社会平衡发展的重要手段。鉴于此，综合评价建筑业绿色经济绩效，准确把握建筑业绿色经济绩效的演化规律，有助于政府部门优化建筑业绿色经济发展政策，推动实现建筑业绿色可持续发展。

### 5.3.1 建筑业绿色经济的含义

绿色经济是实现可持续发展的重要途径，由英国经济学家皮尔斯最先提出。绿色经济将环境因素和社会因素作为经济发展的约束条件，旨在建立一种"可持续的经济"。总体来看，发展绿色经济可产生由经济效益、环境效益和社会效益组成的综合效益，并具有两种含义，一是指对原有经济体系进行"绿化"，即从经济活动中获取综合效益；二是指培养绿色经济增长点，又称"以绿掘金"，即从保护环境的活动中获取综合效益。绿色经济的本质是研究经济系统、环境系统和社会系统之间的物质转化关系的平衡式可持续经济，通过提升各系统物质利用率，促进经济理性增长、环境改善和社会公平。鉴于此，结合建筑业现有经济发展特点，本研究按照"绿化为主、以绿掘金为辅"的原则，将建筑业绿色经济界定为：通过分析建筑业原有经济基础和对环境的影响，在可持续发展的前提下，采取调整绿色经济投入、提高资源利用率以及扩大高品质绿色建筑的建设等绿化措施，培育绿色经济增长点，以此实现建筑业绿色经济增长、资源可持续和人类福祉最大化的经济活动。

### 5.3.2 评价指标体系设计

（1）评价维度

基于上述对建筑业绿色经济含义与特征的分析，结合王彩明等对绩效的理解，本研究认为建筑业绿色经济绩效涵盖过程与结果两个维度。其中，过程维度体现在建筑业通过调整绿色经济投入、降低建筑业能耗、提高资源利用率和绿色产出等绿化手段，促进建筑业绿色发展；结果维度体现在建筑业通过发展绿色经济实现经济、环境以及社会三方面的协调发展。在过程维度评价上，有研究者从投入产出角度，选取劳动力、能源、资本等资源投入和建筑业总产值、$CO_2$排放量等产出，对建筑业绿色效率进行评价；在结果维度评价上，多数学者从可持续发展的角度，以"三重底线"为原则选取评价指标，对建筑业绿色经济产出效益进行评价。

由此，本研究认为建筑业绿色经济绩效是建筑业绿色经济转化效率与产出效益共同作用的结果，即在特定时间段内，以自然资源为约束条件，反映建筑业绿色经济投入产出间的转化效率和投入的产出效益情况。其中，建筑业绿色经济转化效率是一种以资源、环境等成本要素最小化，期望产出最大化为目标的建筑业绿色经济投入与产出的比值；建筑业绿色经济产出效益表现为经济效益、环境效益和社会效益。

（2）评价指标体系

通过对绿色经济绩效评价研究文献的梳理发现，目前国内外学者主要从界定绿色经济内涵出发，围绕工业领域的绿色经济绩效进行评价，而关于建筑业领域的研究较少。相比而言，建筑业与工业在传统经济和绿色经济方面均具有一定的相似性，表现在：两者的传统经济都具有重数量产出、高资源消耗、低效率等特征，两者的绿色经济都具有重绿色产出、低资源消耗、高效率等特征，而且两者发展绿色经济的手段相似，如调整绿色经济投入、重视绿色产出等。因此，本研究基于过程与结果两个维度，对近些年工业领域和建筑业领域的绿色经济绩效研究所选取的指标进行归纳总结，见表5.15。

表 5.15　绿色经济绩效测算指标梳理

| 领域 | 维度 | 投入指标 | 产出指标 | 来源 |
|---|---|---|---|---|
| 工业 | 过程 | 固定资产投资、就业人数、全社会用电量 | 工业"三废" | 李宏伟、曾刚等 |
| | | 固定资产投资、从业人数、能源消耗 | 碳排放量、工业"三废"指数 | Li、Wu 等 |
| | 结果 | 固定资产投资、利润总额、从业人数、碳排放量、环境污染治理经费、固体废弃物排放量、税金等指标 | | Halkos、吴鸣然等 |
| | | 能源消耗、碳排放量、一般工业废弃物排放量、环境污染治理经费、基础设施建设投资等指标 | | 吴传清等 |
| 建筑业 | 过程 | 总资产、从业人数、能源消耗 | 利润总额、碳排放量等 | 李慧等 |
| | 结果 | 利润总额、从业人数、能源消耗、税金、环保投资、$CO_2$ 排放量、固体废弃物排放量、绿色建筑面积、从业人员工资等指标 | | Xu、Kucukvar 等 |

考虑现有统计指标，结合建筑业绿色经济转化效率和产出效益的内涵，本研究从投入产出角度对上述表征内容相对重复的指标进行筛选，建立建筑业绿色经济绩效评价指标体系。其中，绿色经济投入是指建筑业开展绿色经济活动所投入的实体性资源，从两方面选取，一是从劳动力、资本、能源的资源成本投入方面选取 3 个二级指标，二是从建筑业绿色发展所需的环境投入方面选取 2 个二级指标；绿色经济产出是指建筑业开展绿色经济活动所取得的综合效益，从经济、环境与社会三方面选取 5 个二级指标。本研究构建的建筑业绿色经济绩效评价指标体系见表 5.16。

表 5.16　建筑业绿色经济绩效评价指标体系

| 评价对象 | 一级指标 | 二级指标 | 指标分类 | 三级指标 | 要义 |
|---|---|---|---|---|---|
| 建筑业绿色经济绩效 = 建筑业绿色经济转化效率 + 建筑业绿色经济产出效益 | 建筑业绿色经济转化效率 = 建筑业绿色经济投入 ÷ 建筑业绿色经济产出 | 建筑业绿色经济投入 | 劳动力投入 | 建筑业从业人数 | 发展绿色经济时的人力投入水平 |
| | | | 资本投入 | 建筑业固定资产投资 | 发展绿色经济时的资金投入水平 |
| | | | 能源投入 | 建筑业能源消耗总量 | 在绿色经济发展过程中伴随的能源消耗 |
| | | | 环境投入 | 节能环保投资 | 为促进节能环保所投入的资金 |
| | | | | 城市环境基础设施建设投资 | 开展绿色经济活动时的环境治理水平 |
| | 建筑业绿色经济产出效益 | 建筑业绿色经济产出 | 经济效益 | 建筑业获得利润 | 发展绿色经济产生的经济价值 |
| | | | 环境效益 | 获得绿色建筑评价标识的建筑面积 | 发展绿色经济时产生的环境价值 |
| | | | | 建筑业碳排放量 | 绿色经济活动对环境的影响 |
| | | | | 建筑业固体垃圾量 | |
| | | | 社会效益 | 建筑业缴纳税金 | 开展绿色经济活动时，用于增进社会福祉的间接手段 |

（3）评价方法

首先，将建筑业绿色经济投入指标与产出指标引入 Hybrid DEA 模型测算建筑业绿色经济转化效率。Hybrid DEA 模型是一种基于径向理论评价多输出多输入决策单元相对效率的数学规划方法，将径向效率（CCR 模型、BCC 模型）与非径向效率（SBM 模型）综合考虑，计算决策单元的效率，解决了投入与产出不等比率增长（减少）、含有非期望产出的效率评价问题。鉴于此，本研究选用此模型测算建筑业绿色经济转化效率。

其次，运用熵值法对建筑业绿色经济产出指标赋权，计算建筑业绿色经济产出效益。熵值法是一种定性分析与定量分析相结合的客观赋权法，根据各指标提供的信息量大小确定指标权重，将各指标合成一个综合指标。鉴于效益评价指标的量纲与性质各异，在评价时具有客观指标和多指标的特性。因此，将各产出指标进行无量纲化处理，采用熵值法对各指标赋权并确定产出效益，以避免量纲、主观赋权等因素影响产出效益评价结果。

最后，采用熵权-TOPSIS 法将转化效率与产出效益合并为建筑业绿色经济绩效。熵权-TOPSIS 法的基本思想在于，对原始评价矩阵进行无量纲化处理的规范矩阵运用熵权法，建立加权决策矩阵，找出有限评价方案中的正理想解和负理想解，计算各评价方案与正理想解和负理想解之间的欧式距离，测定各评价方案与正理想解的贴近度和与负理想解的远离度，并据此判断各评价方案的优劣。为体现指标之间的相对重要性，直观简明地展示建筑业绿色经济绩效，选取此方法。

本章在《绿色建筑评价标准》（GB/T 50378—2019）的基础上，引入全寿命周期理论将绿色建筑项目的全过程划分为决策设计、建设、运营和拆除报废四个阶段，并筛选出各阶段的增量成本和增量效益，总结了相应的计算方法。在增量效益的梳理过程中，根据效益的性质将增量效益分为经济效益、环境效益和社会效益三种，并建立间接效益量化模型来衡量环境效益和社会效益的经济价值，同时也方便经济效益分析。增量效益的明确能向公众展示绿色建筑的优越性，有助于增强其对绿色建筑的认同感。

此外，为更好地衡量绿色建筑项目的经济性，本章引入净现值、内部收益率、费用效益比、动态投资回收期等工程经济指标，并通过敏感性分析，构建了绿色建筑增量成本效益分析模型，为第 6 章的案例分析计算提供理论支撑和测算模型。

# 6 建筑业绿色化改造实施

建筑业要坚持稳字当头、稳中求进，完整准确全面贯彻新发展理念，紧紧围绕高质量发展目标要求，按照河北省建筑业"十四五"发展规划，把绿色发展贯穿建筑业发展全过程，多举措推动行业绿色低碳转型，以发展新型建筑工业化为载体，加快建造方式的转变，做优做强建筑企业，持续增强"河北建造"竞争力。进一步深化建筑业"放管服"改革，优化营商环境，坚持"做大"，通过加大扶持政策供给，支持企业深耕本土市场，鼓励企业开拓省外、境外市场，加强行业发展调度，着力打造亿元建筑业；要坚持"做强"，加快建筑业转型升级，加快培育壮大被动式超低能耗建筑产业，加快新型建筑工业化和智能建造步伐，推进建筑业创新发展、绿色发展、高质量发展，实现"十四五"向建筑强省迈进目标。

## 6.1 推动建筑业绿色转型的举措

（1）支持建筑企业创新转型发展

引导和促进建筑业工业化、数字化、智能化升级，提升核心竞争力。鼓励建筑企业向上下游产业链延伸，壮大总体规模。支持建筑施工企业向工程总承包企业转型。培育建筑产业工人队伍，强化建筑工人实名制管理。推动建立建筑业产业联盟，引导建筑企业联合开拓市场。支持河北省建筑企业对外承揽工程，实现资源共享、抱团发展、互利共赢。开展建筑市场秩序集中整治，营造公平有序的市场环境。贯彻实施工程总承包管理办法，加大推行工程总承包力度。开展工作调研，发现提炼各地及企业工作亮点，优选一批有代表性的项目，培育具备工程总承包能力的企业。

（2）推动被动式超低能耗建筑规模化发展

加强部门协调联动，在项目谋划、用地保障、激励措施、人才支撑等方面予以支持。落实碳达峰、碳中和要求，对政府投资或以政府投资为主的办公、学校、医院等公共建筑，优先按照被动式超低能耗建筑建设。加大科技研发投入，鼓励企业开展关键技术、自主知识产权项目的研发和创新。严格按照标准对项目进行审查认证，确保被动式超低能耗建筑"名副其实"。

（3）推进绿色建筑、建筑工业化发展

严格执行《河北省促进绿色建筑发展条例》，推动绿色建筑专项规划落地实施，全面做好绿色建筑创建行动总结评估。河北省住房和城乡建设厅印发《河北省新型建筑工业化

"十四五"规划》，明确3项约束性目标：到2025年，城镇新建绿色建筑占当年新建建筑面积比例达到100%，新建星级绿色建筑占当年新建绿色建筑面积比例达到50%以上，城镇新建装配式建筑占当年新建建筑面积比例达到30%以上。

（4）加快培育新时代高素质建筑产业工人队伍

一是为响应《住房和城乡建设部等部门关于加快培育新时代建筑产业工人队伍的指导意见》的号召，要加快制订"河北省加快培育新时代建筑产业工人队伍工作方案"，建立与新时代建筑产业工人队伍建设要求相适应的培训教育、技能评价、用工管理和权益保障机制，全面提升建筑产业工人素质，努力培育知识型、技术型、创新型建筑产业工人队伍。二要以建筑劳务用工制度改革为切入点，加快培育适应建筑业转型发展需要的多元化用工方式。研究制订"河北省建筑产业工人基地培育发展工作计划"，引导建筑劳务企业向建制化、专业化、规模化转型。三要探索推进多层次建筑工人队伍建设。建筑业企业要紧跟建筑业转型发展步伐，逐步建立以高技能工种为主的自有核心技术工人队伍。四要健全企业为主、社会参与和政府促进的职业培训管理机制，为产业现代化奠定坚实人才基础和有力支撑。五要推行工程总承包模式。贯彻实施工程总承包管理办法，开展工作调研，发现提炼各地及企业工作亮点，优选一批有代表性的项目，培育6家具备工程总承包能力的企业。六要积极开展建筑劳务产业园的培育和建设。建设一批小而精、有特色、有灵魂的建筑劳务产业园区，打造经济新增长极，推动河北省新时代建筑产业工人的培育和发展，实现建筑业的转型升级和高质量发展。

（5）推动建筑中小企业向"专精特新转型"

全面落实关于"培育一批'专精特新'中小企业"重要指示精神，以产业链延链、扩链、强链、补链为主攻方向，引导河北省勘察设计、施工、监理、造价、检测等建筑领域的中小企业向"专精特新"方向发展，着力培育一批注重细分市场、聚焦主业、创新能力强、成长性好的建筑领域"专精特新"中小企业，以数字化转型赋能建筑中小企业迈向"专精特新"，与新技术融合拓展新发展空间。推动向国家级"专精特新"小巨人企业、建筑领域"单项冠军"企业发展，为河北全省建筑业高质量发展提供强大动力。

## 6.2　智能建造背景下建筑业绿色低碳转型

### 6.2.1　绿色低碳建筑技术和标准建设

2024年政府工作报告中提出，加强生态文明建设，推进绿色低碳发展。大力发展绿色低碳经济。推进产业结构、能源结构、交通运输结构、城乡建设发展绿色转型。同时，积极稳妥推进碳达峰、碳中和，扎实开展"碳达峰十大行动"。提升碳排放统计核算核查能力，建立碳足迹管理体系，扩大全国碳市场行业覆盖范围。

在国家"双碳"目标背景下，建筑业作为能源消耗和碳排放大户，是影响"双碳"目标实现的主阵地之一。"虽然国家、省、市积极推动建筑绿色发展、低碳转型，但由于顶层设计缺失，缺乏强制性约束，发展过程中存在重设计、轻运行等问题，影响了建筑业'双碳'目标的实现程度。"

首先，应完善建筑业绿色低碳发展顶层设计。应修订和完善《中华人民共和国建筑法》，其目的条款应突出强调绿色低碳理念，结合建筑活动全寿命周期的分阶段特点，新增"绿色建设"专章，对绿色立法内容加以集中；构建绿色法律制度以增强《中华人民共和国建筑法》绿色立法的科学性、针对性，如明确工程建设绿色标准全过程执行制度、建立绿色建材认证制度、建立绿色建设经济激励法律制度等；建立规划设计阶段的绿色建筑专项审查制度和施工、监理及竣工验收阶段的专项制度，明确各方法律责任。同时，深化绿色低碳建筑技术和标准建设及应用。修订和完善现行建筑设计标准，将建筑绿色低碳的基本要求纳入设计标准体系，纳入工程建设强制规范。

监管模式与监管手段也应创新。建筑业要实现绿色发展，就必须注重建筑活动全寿命周期的绿色化。以现有的工程质量监管体系为基础，建立项目立项、规划、设计、施工、监理等阶段绿色审查机制，建立各环节连贯、闭合的管理机制，以确保建筑在实际运行中符合绿色标准。"从建筑设计、建造和运维的整体性推进超低能耗建筑。以能耗限额、碳排放限额为基准，以市场能源价格以及碳排放交易为抓手，推进超低能耗建筑的设计、建造和运行。"

建筑业绿色低碳转型离不开金融工具的支持。对此，深入发展绿色建筑项目投融资市场，加强绿色金融赋能建筑业绿色低碳转型，大力发展绿色信贷、绿色基金、绿色债券、绿色保险等金融工具，为企业提供有针对性的资金支持和风险管理。

以《北京市建筑绿色发展条例》鼓励节能改造与无障碍设施改造同步实施为例。在规范建设要求方面，提出要完善建材推广使用，将推广范围由绿色建材拓展至安全耐久、节能低碳、性能优良、健康环保的建材和设备设施；进一步规范建材禁止使用目录的制定修订程序，明确规定需依法进行公平竞争审查，实行科学论证与公众参与的原则。为推进建筑绿色化拆除，明确城市管理部门负责建筑垃圾处置的监管，新增一条对建筑垃圾处置和拆除现场施工的要求："本市推进建筑绿色化拆除。建筑拆除时，建设单位或者其他拆除单位应当制定建筑垃圾治理方案，明确处置方式和清运措施等，督促施工单位采取扬尘控制等绿色施工措施。"施工单位应当编制施工现场的建筑垃圾处理方案，并按照标准规范和约定采取扬尘控制等绿色施工措施。

在强化运维与改造方面，要强化部门责任，明确住房和城乡建设部门负责统筹建筑绿色运维管理，加强信息应用，促进既有建筑能效提升。节能绿色化改造也更加突出，《北京市建筑绿色发展条例》明确北京市住房和城乡建设部门负责改造的统筹协调，组织开展调查统计和分析，制订改造计划，并鼓励节能改造与无障碍、适老化设施改造同步实施。

在加强科技支撑方面，北京支持建筑科学技术研究，构建符合绿色导向、适应市场需求的建筑技术创新体系，打造建筑绿色发展新技术应用场景。同时，强化技术创新，新增一款规定："市住房城乡建设、科技等部门应当组织开展建筑绿色发展领域关键技术攻关；充分发挥企业、科研机构、高等学校和科技创新人员等作用；支持跨行业、跨领域、跨地域的产学研用合作和国际交流；支持建筑产业链上下游相关企业组成技术研发共同体，打造协同创新平台。本市建立建筑绿色发展专家委员会制度，为建筑绿色发展相关活动提供论证、咨询意见。

在产业发展和引导激励方面，将促进装配式建筑发展，新增一条鼓励技术研发应用，提高部品部件质量，推进生产企业合理布局，逐步建立专业化、规模化、信息化生产体系。对于再生产品的应用，二审稿提出要促进建筑垃圾减量化、资源化、无害化，推行建筑拆除和建筑垃圾运输、收储、处置、再生产品使用一体化实施。此外，还要加强评价及结果应用，推行绿色建筑、装配式建筑、健康建筑评价，推进超低能耗建筑、低碳建筑项目示范。

河北省也积极推进建筑业绿色化改造，河北省沧州市加大政府推动力度，明确相关部门职责，进一步优化发展环境、培育发展引擎、健全工作机制、加大政策资金扶持力度、加强星级绿色建筑示范工程建设。政府投资或者以政府投资为主的建筑，按照高于最低等级的绿色建筑标准进行建设，营造有利于绿色建筑发展的市场环境，引导和保障绿色建筑健康发展。充分发挥经营主体的积极性，激发市场活力，通过推广绿色金融、创新投融资模式等，吸引更多社会资本支持绿色建筑发展。

严格控制城市规划建设用地规模和结构，提高土地利用效率。合理规划地块尺度，提高拥有居住、商业服务、公共服务混合功能的街坊比例。探索以公共交通为导向的空间布局模式，适度提高公共交通可达地块的开发强度，完善公共交通系统和步行、自行车交通系统。构建绿色市政体系，同步建设污水处理设施及配套管网，实现污水全收集、全处理，因地制宜规划建设再生水利用系统。大力推广和应用低影响开发建设模式，加大城市径流雨水源头减排的刚性约束，优先利用自然排水系统，建设生态排水设施。

明确建设、设计、图审、施工、监理等经营主体的责任。设计单位按照绿色建筑等级要求进行建设工程方案设计和施工图设计，并编制绿色建筑设计说明或者专篇。施工图审查机构严格执行《河北省促进绿色建筑发展条例》和《河北省绿色建筑施工图审查要点》，将绿色建筑施工图审查与常规施工图审查同时进行，按照条例中绿色建筑等级要求审查施工图设计文件，未经审查或者经审查不符合要求的，不得出具施工图设计文件审查合格证书，施工图审查机构根据项目设计文件和绿色建筑自评估报告审查相对应的绿色建筑标准条文内容和技术指标的落实情况，在审查合格书内注明项目星级要求。施工单位按照施工图设计文件组织施工，不得使用国家和河北省禁止使用的建材、建筑构配件和设施设备。监理单位将绿色建筑等级要求实施情况纳入监理范围。从单体建筑绿色向区域绿色转变，从规划、设计、建造扩展到运行管理，从绿色建筑扩展到装配式建筑、被动式超低能耗建筑、绿色建材。充分考虑建筑类型、投资主体等方面差异，在全面执行绿色建筑建设标准的基础上，强化政府投资公益性建筑采用高星级绿色建筑标准，以点带面、点面结合，以政府投资建筑和大型公共建筑等重点项目带动绿色建筑发展，实现绿色建筑发展突破。

积极开展绿色建筑、装配式建筑和超低能耗建筑关键技术研发，不断引进新技术、新产品、新材料和新工艺，促进科技成果转化，重点转化推广成本低、效果好的绿色建筑适宜技术。鼓励建筑工程优先采用绿色建材，不断提高新建建筑中绿色建材应用比例。

### 6.2.2 实施路径

将云计算、大数据、物联网、BIM 等高新技术与建筑业绿色低碳转型有机结合，打造设计、建造、施工、运营一体化的智能建造体系，从多个维度积极施策，践行绿色环保理念，实现节能减排降耗关键技术的突破，通过数字化、智能化等手段提高生产效率，高效解决建筑产业面临的各类问题，推动能耗、碳排双控。

（1）绿色建筑：依托数字技术，推动建筑设计绿色化

数字技术在推动建筑设计绿色化方面起着重要的作用。在建筑设计阶段，通过应用大数据、人工智能、物联网等先进技术，基于绿色、节能、低碳发展理念，推动建筑设计绿色化。依托数字技术，建立三维可视化模型，做好建筑室内、室外整体布局规划，建立建筑信息数据库，实现对设计阶段的高质量管理。BIM是一种三维建筑模型，可以帮助建筑师和设计团队在建筑设计的早期阶段进行能源模拟和分析，从而评估建筑的能源效率和环境影响。应用BIM技术在建筑设计阶段对日照、采光等多项参数进行模拟，以减少碳排放，与此同时，将可视化技术与建筑设计情境融合，保证建筑资源节约性，做好前期基础工作。这将使建筑业更具创造力和可持续性，减少对环境的影响，推动建筑设计的绿色化。

（2）绿色建造：应用绿色建材生产技术，推动建筑建造智能化

建材是整个建筑链条中的核心部分。加强推进绿色建材生产技术的应用，从原材料生产关键环节入手，利用智能化设备和机器人技术实现建材生产线的自动化和智能化。提高建材生产全过程的资源高效利用，实现绿色生产，减少对生态环境的污染。应用人工智能技术对建材生产过程进行预测和优化，对生产线进行智能调度，优化生产计划和资源分配，实现生产全过程的高效管控，助力建材精益生产。利用虚拟现实和增强现实技术，可以在设计和生产过程中进行可视化和模拟，例如，使用虚拟现实技术进行产品设计和装配的模拟，可以提前发现和解决潜在问题，减少生产中的错误和浪费。

（3）绿色施工：借助"互联网＋监测"技术，实现施工现场能耗管理智能化

长期以来，建筑施工现场作业环境恶劣，能源消耗高，存在极大的安全隐患。通过借助"互联网＋监测"技术，对施工现场进行智能化管理，实现绿色施工的目标。严格参照绿色建筑标准规范，建立施工现场统一管理平台，对施工现场电力系统、空调系统、供水系统等进行实时监控，做好资源的合理分配，避免资源的浪费，实现施工现场能耗管理智能化。着力推进"BIM＋装配式建筑"的应用，将BIM技术应用到运输及安装全过程，减少施工成本，提高施工效率，推动施工现场的低碳化发展。

（4）绿色运营：利用多样化的现代信息技术，实现建筑运营现代化管理

建筑运营阶段所产生的碳排放占总量的一半以上。因此，应积极转变观念，提高运营管理水平，利用多样化现代信息技术对运营阶段的碳排放进行统一、实时监控，实现运营管理数字化、智能化和高效化。同时，搭建一个综合的运营管理平台，用于集中管理建筑物的各项运营活动，包括设备维护管理、自能源管理、安全管理等功能模块，以便实现全面的信息化管理。将信息技术与运营管理有效结合可以提高建筑物的运营效率和质量，同时降低运维成本和资源消耗，实现绿色运营。

## 6.3　建筑业绿色化的路径措施

完善政策与机制，引领绿色经济理念践行。政府以及相关部门要着重加大对绿色经济理念的宣传力度，将绿色经济理念植入国民的生产生活中，继而保证建筑业能够获得持续发展的不竭动力。除国民和政府之外，施工单位等相关建筑企业也应当提高和加深自身对

绿色经济理念的认识程度和认识深度，加大对绿色经济理念的践行力度，将绿色经济理念充分应用到施工过程中。为了保证建筑工程质量进一步提高，保证建筑向着节约环保的方向发展，必须科学合理地践行绿色经济理念。

与此同时，根据建筑工程的施工状况，施工单位可以制定绿色经济发展目标，并为此不断前进努力。此外，有关机关、部门单位理应根据实际情况合理提升生态环境质量检测目标，从不同角度建立健全质量管理机制，并制定科学合理的制度。通过制度的束缚达到对环境的保护，提高建筑业整体的绿色环保性能。

建立健全科学创新体系，广泛运用新技术新工艺。要以人为本，采用科学高效的手段减少建筑施工过程中的能源消耗。例如，通过改进房屋拆除技术，提升房屋拆除的工作效率。随着信息科技的不断发展，越来越多的高新技术运用到了建筑施工中。例如，从前对于道路的测量通常使用全站仪，但这种测量办法不但需要很多人配合才能完成，同时还要耗费测量的时间。但是如今，全球定位系统（Global Posting System，GPS）的广泛应用，不仅不会导致人员浪费和时间消耗，还在很大程度上提高了道路测量的准确性。因此，GPS 受到建筑企业的偏爱。此外，该系统的使用为建筑单位节省了大量的成本支出，保证企业获得更多的利益，还能够提升企业的核心竞争力。此外，装配式建筑在绿色建筑施工过程中也起到了极大的作用，其因具备施工迅速、节能环保、安全性能较高等优势，成为未来建筑业发展的必然趋势。

高效综合绿色化改造。随着我国经济的不断发展，建筑工程量也随之变多，建筑工程的规模不断扩大，但是很多建筑工程在实施过程中并没有贯彻落实绿色发展理念。相反，施工过程不仅消耗了大量的资源，建筑垃圾等的随意堆放还对生态环境造成了非常大的破坏，对人们的正常工作和日常生活造成了不良影响。因此，施工企业在建筑施工以及老旧小区的改造中，必须落实绿色发展这一理念，科学合理地制订施工方案，从而减少建筑施工对环境的破坏。与此同时，探究绿色无污染的改造技术也尤其重要，这就需要相关的技术人员充分结合工程实际情况不断探索创新，以减少对不可再生能源的消耗，并使用更加环保的能源。例如，以太阳能、光能等新型清洁能源代替传统能源。对于施工过程中剩余的大量施工材料，可以再次利用的就要对其进行合理的回收利用，从而提高施工材料的利用率。对于不能二次利用的施工材料，相关人员应当及时采取科学有效的处理方式，避免废弃材料随意堆放对生态环境造成破坏。施工单位相关负责人应该结合施工现场的具体状况，做好施工现场的保护工作，以免土壤以及空气遭到污染。除此之外，施工单位还应该采取相关策略以解决施工过程中使用的诸多机械设备产生噪声而影响周遭居民正常生活的问题。

提高资源利用率。为确保资源的合理利用，施工单位在施工的过程中应该从多方面入手，提升资源利用率。例如，使用环保节能型的建筑施工材料，可以提高建筑整体品质，实现对生态环境的保护。建筑施工现场的生活废水经过处理后能够应用于绿化带的养护，或者工地现场降尘，这样使水资源能够得到充分的利用。同时，为实现资源利用率的最大化，施工单位也应制定相关的节能环保方略。施工人员要从自身出发，重视提高能源利用率，在施工过程中减少和避免各项资源的不合理消耗。例如，施工现场的机械设备在不参与施工时，应该及时切断电源，一方面可以有效地降低电能的损耗，另一方面可以保证施工人员的人身安全。

　　夯实建筑经济发展基础，完善评价机制。伴随着经济的发展和时代的进步，国民素质逐年提高，绿色经济理念开始深入人心，相关的部门已经开始意识到绿色经济理念的重要意义。有关绿色建筑经济发展的宣传工作已经显得不那么迫在眉睫，相反，针对施工工程的具体状况建立起科学完备的评价机制变得更为重要，因为这更有利于实现绿色经济理念的全面推广。过去，很多行业以对环境造成严重破坏为代价快速发展起来，这严重阻碍了经济社会的可持续发展。绿色经济理念要求企业在发展的过程中必须重视对环境的保护，在保证建筑工程整体质量的前提下，尽量选择环保型材料。施工单位需要根据国家相关法律法规逐步完善评价机制，并提高管理人员对评价机制的重视程度，保证各项制度能够得到贯彻落实。与此同时，还要善于借鉴同行的成功经验，注重对经济评价相关人才的培养。

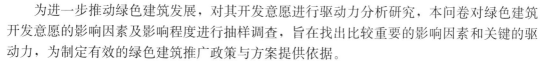

为进一步推动绿色建筑发展，对其开发意愿进行驱动力分析研究，本问卷对绿色建筑开发意愿的影响因素及影响程度进行抽样调查，旨在找出比较重要的影响因素和关键的驱动力，为制定有效的绿色建筑推广政策与方案提供依据。

本调查以不记名方式进行，所收集的数据绝对保密，问卷结果只供研究用。希望您能抽出少许时间认真完成问卷，感谢您的大力支持！

<table>
<tr><td colspan="6" align="center">第一部分　基本信息</td></tr>
<tr><td colspan="6">1. 您的性别是：A. 男　B. 女</td></tr>
<tr><td colspan="6">2. 您的年龄段是：A. 20 岁以下　B. 20～40 岁　C. 40～60 岁　D. 60 岁以上</td></tr>
<tr><td colspan="6">3. 您的受教育程度是：A. 本科以下　B. 本科　C. 硕士　D. 博士</td></tr>
<tr><td colspan="6">4. 您的专业/工作是否和建筑工程相关：A. 是　B. 否</td></tr>
<tr><td colspan="6">5. 您的身份是：A. 开发商　B. 消费者　C. 专家教授　D. 承包商　E. 绿色技术研发机构　F. 咨询机构　G. 其他</td></tr>
<tr><td colspan="6">6. 您对绿色建筑的相关内容是否有所了解：A. 非常了解　B. 基本了解　C. 仅了解一点　D. 虽然知道名称，但基本不了解　E. 从未听说过</td></tr>
<tr><td colspan="6">7. 您是从哪些渠道了解绿色建筑的（多选题）：A. 社区直接下达　B. 工作单位直接下达　C. 广告牌、海报　D. 电视广播　E. 报纸杂志　F. 社交平台　G. 网络信息</td></tr>
<tr><td colspan="6">8. 您认为绿色建筑宣传活动对您有没有影响：A. 影响很大　B. 影响较大　C. 影响一般　D. 影响不大　E. 无影响</td></tr>
<tr><td colspan="6">9. 您认为绿色建筑宣传活动影响较小的原因有哪些（多选）：<br>A. 现代人生活节奏快，没有时间　B. 活动形式老套，没有办法吸引人　C. 宣传活动没有意义</td></tr>
<tr><td colspan="6">10. 您是否有在本地定居、购置住房的打算：A. 有　B. 没有　C. 远期有打算　D. 不确定</td></tr>
<tr><td colspan="6">11. 您是否会选择绿色建筑：A. 会　B. 经济允许前提下会　C. 不确定</td></tr>
<tr><td colspan="6" align="center">第二部分　绿色建筑开发意愿影响因素</td></tr>
<tr><td colspan="2" align="center">影响程度</td><td align="center">影响<br>很大</td><td align="center">影响<br>较大</td><td align="center">影响<br>一般</td><td align="center">影响<br>不大</td><td align="center">无影响</td></tr>
<tr><td rowspan="4">12. 以下指标是否会影响开发商的绿色建筑开发决策？影响程度如何？</td><td>绿色建筑的成本较高</td><td></td><td></td><td></td><td></td><td></td></tr>
<tr><td>绿色建筑的投资回收期长</td><td></td><td></td><td></td><td></td><td></td></tr>
<tr><td>绿色建筑性价比较高</td><td></td><td></td><td></td><td></td><td></td></tr>
<tr><td>绿色建筑销售情况较好</td><td></td><td></td><td></td><td></td><td></td></tr>
</table>

| 影响程度 | | 影响很大 | 影响较大 | 影响一般 | 影响不大 | 无影响 |
|---|---|---|---|---|---|---|
| 13. 以下社会需求是否会影响开发商的绿色建筑开发决策？ | 绿色建筑能减少 $CO_2$ 排放量 | | | | | |
| | 绿色建筑能减少污染物排放量 | | | | | |
| | 开发商的社会责任 | | | | | |
| 14. 以下消费者需求是否会影响开发商的绿色建筑开发决策？影响程度如何？ | 消费者对建筑舒适度有较高需求 | | | | | |
| | 消费者对建筑节能程度有较高需求 | | | | | |
| | 消费者对绿色建筑售价普遍偏高的接受度较高 | | | | | |
| | 消费者对绿色建筑的认知度、认可度较高 | | | | | |
| 15. 以下政策因素是否会影响开发商的绿色建筑开发决策？影响程度如何？ | 政府给予经济激励措施 | | | | | |
| | 政府给予非经济激励措施 | | | | | |
| | 政府颁布强制性政策 | | | | | |
| | 绿色建筑相关制度措施的可行性及合理性较好 | | | | | |
| | 绿色建筑相关政策法规较为完善，执行力度较大 | | | | | |
| 16. 以下市场因素是否会影响开发商的绿色建筑开发决策？影响程度如何？ | 率先参与绿色建筑的开发商能获得更大的绿色建筑市场份额 | | | | | |
| | 开发商参与绿色建筑有助于其品牌效益和企业形象 | | | | | |
| | 市场对绿色建筑的认可程度较高 | | | | | |
| | 社会关于绿色建筑的教育及宣传程度较高 | | | | | |
| | 绿色建筑市场环境的完善程度较高 | | | | | |
| | 绿色建筑市场环境的规范程度较高 | | | | | |
| | 当地房地产市场的发展水平较高 | | | | | |
| 17. 以下技术因素是否会影响开发商的绿色建筑开发决策？影响程度如何？ | 绿色技术研发程度较高 | | | | | |
| | 施工企业的绿色建筑施工能力较强 | | | | | |
| | 绿色建筑的设计水平较高 | | | | | |
| 18. 以下管理因素是否会影响开发商的绿色建筑开发决策？影响程度如何？ | 绿色建筑的项目管理较为成熟 | | | | | |
| | 开发商自身实力较强 | | | | | |
| | 绿色建筑的投融资难度较小 | | | | | |

# 参考文献

［1］统筹推进绿色低碳高质量发展：全国政协十三届常委会第二十二次会议发言摘登（一）［N］.人民政协报，2024-02-01（005）.

［2］王海山，程雅坤.绿色低碳，推动建筑业高质量可持续发展［J］.建设科技，2023（19）：30-32.

［3］IEA. Eco-Car Tax Break and Subsidies for Vehicles. ［2019-04-08］.

［4］METI. Green Growth Strategy Through Achieving Carbon Neutrality in 2050［EB/OL］.（2020-12-25）.［2020-12-25］. https：//www. meti. go. jp/english/policy/energy _ environment/global _ warming/ggs2050/index. html.

［5］IEA. Act on the rational use ofenergy (Energy Efficiency Act).

［6］张楠.日本能源安全政策的分析与借鉴［D］.徐州：中国矿业大学，2019.

［7］姜红.促进我国新能源产业良性发展的价格补贴政策分析.价格月刊，2019（9）：26-33.

［8］吴雅.低碳城市建设的演变规律及提升路径设计研究［D］.重庆：重庆大学，2020.

［9］TAVARES V，SOARES N，RAPOSO N，et al. Prefabricated versus conventional construction：Comparing life-cycle impacts of alternative structural materials［J］. Journal of Building Engineering，2021，41：102705.

［10］PERVEZ H，ALI Y，PETRILLO A. A quantitative assessment of greenhouse gas (GHG) emissions from conventional and modular construction：A case of developing country［J］. Journal of Cleaner Production，2021，294：126210.

［11］冯璐瑶，刘莉，商阳.装配式建筑环境效益分析［J］.新型建筑材料，2018，45（12）：101-103.

［12］DU Q，BAO T，LI Y，et al. Impact of prefabrication technology on the cradle-to-site $CO_2$ emissions of residential buildings［J］. Clean Technologies and Environmental Policy，2019，21（7）：1499-1514.

［13］李颖.基于价值链模型的装配整体式建筑成本分析研究［J］.中国管理信息化，2016，19（7）：10-14.

［14］ZHANG X. Application of BIM Technology in Cost Control during the Stage of Production and Transportation of Assembly Building［J］. IOP Conference Series：Earth and Environmental Science，2021，769（4）：042113.

［15］WANG S，RUAN Y，HU W. Site Selection of Precast Concrete Component Factory Based on PCA and GIS［J］. Advances in Civil Engineering，2022（1）：785-7647.

[16] MEI Q. A study on the cost factors of prefabricated buildings under the Engineering Procurement Construction model based on the interpreted structural model [J]. Academic Journal of Business&Management，2020，2 (1)：86-99.

[17] 齐宝库，朱娅，马博，等．装配式建筑综合效益分析方法研究 [J]．施工技术，2016，45 (4)：39-43.

[18] YI W，CHAN A P C，WANG X，et al. Development of an early-warning system for site work in hot and humid environments：A case study [J]．Automation in Construction，2016，62：101-113.

[19] 张宏，符洪锋．结合智能安全帽的建筑工人施工安全行为绩效考核及激励机制 [J]．中国安全生产科学技术，2019，15 (3)：180-186.

[20] 赖振彬，王玉麟，黄巧玲，等．智能监测系统在绿色建造中的应用研究 [J]．绿色建筑，2018，10 (3)：64-67.

[21] ZHANG L，MA JU，HE B. Research on the Development Prospect of Assembled Passive Building Based on Green Development Concept [J]．IOP Conference Series：Earth and Environmental Science，2018，113 (1)：012111.

[22] BOQUERA L，OLACIA E，FABIANIC，et al. Thermo-acoustic and mechanical characterization of novel bio-based plasters：The valorisation of lignin as by-product from biomass extraction for green building applications [J]．Construction and Building Materials，2021，278：122373.

[23] KESHAVARZ-GHORABAEE M，AMIRI M，HASHEMI-TABATABAEI M，et al. A New Decision-Making Approach Based on Fermatean Fuzzy Sets and WASPAS for Green Construction Supplier Evaluation [J]．Mathematics，2020，8 (12)：2202.

[24] 陈诗一．能源消耗、二氧化碳排放与中国工业的可持续发展 [J]．经济研究，2009，44 (4)：41-55.

[25] 韩晶，蓝庆新．中国工业绿化度测算及影响因素研究 [J]．中国人口·资源与环境，2012，22 (5)：101-107.

[26] 张江雪，王溪薇．中国区域工业绿色增长指数及其影响因素研究 [J]．软科学，2013，27 (10)：92-96.

[27] 张江雪，蔡宁，杨陈．环境规制对中国工业绿色增长指数的影响 [J]．中国人口·资源与环境，2015，25 (1)：24-31.

[28] 袁晓玲，班斓，杨万平．陕西省绿色全要素生产率变动及影响因素研究 [J]．统计与信息论坛，2014，29 (5)：38-43.

[29] 余东华，李捷，孙婷．供给侧改革背景下中国制造业"高新化"研究：地区差异、影响因素与实现路径 [J]．天津社会科学，2017 (1)：97-107.

[30] 齐亚伟．节能减排、环境规制与中国工业绿色转型 [J]．江西社会科学，2018，38 (3)：70-79.

[31] LUTZ C. Opportunities for Smallholders from Developing Countries in Global Value Chains [J]．Review of Social Economy，2012，70 (4)：468-476.

[32] 綦良群，李兴杰．区域装备制造业产业结构升级机理及影响因素研究 [J]．中国软科

学，2011（5）：138-147.

［33］晁坤．基于SFA的装备制造业技术创新效率实证检验［J］．统计与决策，2020，36（20）：72-75.

［34］侯建，陈恒．中国高专利密集度制造业技术创新绿色转型绩效及驱动因素研究［J］．管理评论，2018，30（4）：59-69.

［35］朱东波，任力．环境规制、外商直接投资与中国工业绿色转型［J］．国际贸易问题，2017（11）：70-81.

［36］彭星，李斌．不同类型环境规制下中国工业绿色转型问题研究［J］．财经研究，2016，42（7）：134-144.

［37］张莉．环境规制、绿色技术创新与制造业转型升级路径［J］．税务与经济，2020（1）：51-55.

［38］陈珂，丁烈云．我国智能建造关键领域技术发展的战略思考［J］．中国工程科学，2021，23（4）：64-70.

［39］王波，陈家任，廖方伟，等．智能建造背景下建筑业绿色低碳转型的路径与政策［J］．科技导报，2023，41（5）：60-68.

［40］清华大学建筑节能研究中心．中国建筑节能年度发展研究报告2023（城市能源系统专题）［M］．北京：中国建筑工业出版社，2023.

［41］吴泽洲，黄浩全，陈湘生，等．"双碳"目标下建筑业低碳转型对策研究［J］．中国工程科学，2023，25（5）：202-209.

［42］黄昱杰，刘贵贤，薄宇，等．京津冀协同推进碳达峰碳中和路径研究［J］．中国工程科学，2023，25（2）：160-172.

［43］IPCC. Climate Change 2022：Impacts，Adaptation，and Vulnerability：Working Group Ⅱ to the Sixth Assessment Report of the Intergovernmental Panel on Climate Change［M］．Cambridge，New York：Cambridge University Press，Cambridge University Press，2023.

［44］Wang Q. Study on the Influencing Factors and Prediction of Civil Building Floor Space in China［D］．Tianjin：Tianjin University，2020.

［45］Energy Consumption Statistics Committee of China Building Energy Efficiency Association. 2018 China Building Energy Consumption Research Report Ⅳ. Building，2019（2）：26-31.

［46］OLU-AJAYI R，ALAKA H，SULAIMON I，et al. Building energy consumption prediction for residential buildings using deep learning and other machine learning techniques［J］．Journal of Building Engineering，2022，45：103406.

［47］XI Q，LI G. Characteristics and spillover effects of space division of producer service in the Beijing-Tianjin-Hebei metropolitan region：Based on spatial panel model［J］．Acta Geographica Sinica，2015，70（12）：1926-1938.

［48］XU J，LIU Z. Research on Evaluation and Spatial Effect of Urban Green Development in Beijing-Tianjin-Hebei Region：An Empirical Research Based on the Spatial Dubin Model［J］．Ecological Economy，2022，38（8）：80-87.

［49］ HAN D. Characteristics of spatio-temporal differentiation of coordinated development of Beijing-Tianjin-Hebei city cluster and its influencing factors ［J］. Urban Problems，2021（5）：4-13.

［50］ ZHANG X，CHEN S，LIAO C，et al. Spatial spillover effects of regional economic growth in Beijing-Tianjin-Hebei region ［J］. Geographical Research，2016，35（9）：1753-1766.

［51］ PENG W，HAN D，YIN Y，et al. Spatial Evolution and Integrated Development of Digital Economy in Beijing-Tianjin-Hebei Region ［J］. Economic Geography，2022，42（5）：136-143＋232.

［52］ LUO X，SONG X，ZHU L，et al. Spatial Distribution Characteristics and Spillover Effect of Employment Density in Beijing-Tianjin-Hebei Metropolitan Region ［J］. Economic Geography，2020，40（8）：59-66.

［53］ CHEN C. A Novel Multi-Criteria Decision-Making Model for Building Material Supplier Selection Based on Entropy-AHP Weighted TOPSIS ［J］. Entropy（Basel），2020，22（2）：259.

［54］ TAYLOR D J，PAIVAB S，SLOCUM A. An alternative to carbon taxes to finance renewable energy systems and offset hydrocarbon based greenhouse gas emissions ［J］. Sustainable Energy Technologies and Assessments，2017，19：136-145.

［55］ ILLANKOON I M C S，Lu W. Optimising choices of "building services" for green building：Interdependence and life cycle costing ［J］. Building and Environment，2019，161：106247.

［56］ HACHEM-VERMETTE C，SINGH K. Optimization of energy resources in various building cluster archetypes ［J］. Renewable and Sustainable Energy Reviews，2022，157：112050.

［57］ DENG Z，ZONG S，et al. Research on Coupling Coordination Development between Ecological Civilization Construction and New Urbanization and Its Driving Forces in the Yangtze River Economic Zone ［J］. Economic geography，2019，39（10）：78-86.

［58］ WANG S. Several Types of Weights Matrix and Their Extended Logic：Review and Prospect ［J］. Proceedings of the 2012 China Annual Conference on Spatial Economics，2013，30：57-63.

［59］ ZHANG Z. Analysis on the Development of Regional Industrial Ecoefficiency in the New Era ［J］. Inquiry into Economic Issues，2020（1）：92-101.

［60］ MAHAMID I. Study of relationship between rework and labour productivity in Building Construction Projects ［J］. Journal of Construction，2020，19（1），30-41.

［61］ WONG J S，ZHOU J X. Enhancing environmental sustainability overbuilding life cycles through green BIM：A review ［J］. Automation in Construction，2015，57：156-165.

［62］ CHEN L，CHAN A P C，OWUSU E K，et al. Critical success factors for green building promotion：A systematic review and meta-analysis ［J］. Building and Environment，2022，207：108452.

［63］SUN H，EDZIAH B K，SUN C，et al. Institutional quality，green innovation and energy efficiency［J］. Energy Policy，2019，135：111002.

［64］HE，B. Towards the next generation of green building for urban heat island mitigation：Zero UHI impact building［J］. Sustainable Cities and Society，2019，50：101647.

［65］ZHENG D，YU L，WANG L，et al. Integrating willingness analysis into investment prediction model for large scale building energy saving retrofit：Using fuzzy multiple attribute decision making method with Monte Carlo simulation［J］. Sustainable Cities and Society，2019，44：291-309.

［66］ZHANG L，WU J，LIU H. Policies to enhance the drivers of green housing development in China［J］. Energy Policy，2018，121：225-235.

［67］DONG H，ZHAO Y. Analysis of Temporal and Spatial Characteristics and Influencing Factors of Urban Energy Green Consumption Level：Take 68 Cities in the Middle，and Lower Reaches of the Yellow River as Examples［J］. East China Economic Management，2021，35（11）：88-98.

［68］ZHANG L，QIN Y，ZHANG J，et al. County Green GDP Accounting Based on EMA- MFA Method and Its Spatial Differentiation：A Case of Henan Province［J］. Journal of Natural Resources，2013，28（3）：504-516.

［69］肖国东. 我国制造业转型升级评价及影响因素研究［D］. 长春：吉林大学，2019.

［70］GUNARDI A，FIRMANSYAH E，WIDYANINGSIH I，et al. Capital Structure Determinants of Construction Firms：Does Firm Size Moderate the Results［J］. Montenegrin Journal of Economics，2020，16：93-100.

［71］师萍，韩先锋，卫伟，等. 我国低碳企业技术效率及其影响因素的实证研究［J］. 中国科技论坛，2010，175（11）：67-72.

［72］张瑞志. 供给侧结构性改革背景下制造业全要素生产率的影响因素研究［D］. 广州：广东省社会科学院，2021.

［73］YUSEN L，MENSAH C N，LU Z，et al. Environmental regulation and green total factor productivity in China：A perspective of Porter's and Compliance Hypothesis ［J］. Ecological Indicators，2022，145.

［74］ZHONG C，HAMZAH H Z，LI H，et al. Impact of environmental regulations on the industrial eco-efficiency in China-based on the strong porter hypothesis and the weak porter hypothesis［J］. Environmental science and pollution research international，2023.

［75］RAJ T R，WU M，NIU Z. A Comparison of Local- and Foreign-Funded Hydropower Station Construction in Nepal Based on Remote Sensing［J］. Journal of Resources and Ecology，2022，13（6）.

［76］韩琳琳，覃正. 进出口贸易对我国主要行业的影响研究［J］. 统计与决策，2011，343（19）：119-121.

［77］魏蒙，魏澄荣. 创新投入影响融资结构与企业绩效关系的中介效应研究：基于S-C-P

的分析范式 [J]. 福建论坛（人文社会科学版），2017，301（6）：39-48.

[78] BOSNJAK M，AJZEN I，SCHMIDT P. The theory of planned behavior：selected recent advances and applications [J]. Europe's Journal of Psychology，2020，16 （3）：352-356.

[79] 徐成彬. 政府和社会资本合作（PPP）项目补贴模式比较研究：基于城市轨道交通 PPP 项目实践 [J]. 宏观经济研究，2018（5）：94-106＋165.

[80] DING Z K，FAN Z，TAM V W Y，et al. Green building evaluation system implementation [J]. Building and Environment，2018，133：32-40.

[81] LI Y Y，SONG H B，SANG P D，et al. Review of critical success factors（CSFs） for green building projects [J]. Building and Environment，2019，158：182-191.

[82] JIANG H，PAYNE S. Green housing transition in the Chinese housing market：A behavioural analysis of real estate enterprises [J]. Journal of Cleaner Production，2019，241：118381.

[83] 郑栋之，张同建. 制造商激励、供应商参与与新产品竞争力相关性实证研究 [J]. 工业技术经济，2018，37（3）：106-112.

[84] 徐志刚，朱哲毅，邓衡山，等. 产品溢价、产业风险与合作社统一销售：基于大小户的合作博弈分析 [J]. 中国农村观察，2017（5）：102-115.

[85] ZHANG Y Q，WANG H，GAO W J，et al. A survey of the status and challenges of green building development in various countries [J]. Sustainability，2019，11 （19）：5385.

[86] 肖静华，吴瑶，刘意，等. 消费者数据化参与的研发创新：企业与消费者协同演化视角的双案例研究 [J]. 管理世界，2018，34（8）：154-173＋192.

[87] TKACHENKO V，KWILINSKI A，KORYSTIN O，et al. Assessment of information technologies influence on financial security of economy [J]. Journal of Security and Sustainability，2019，8（3）：375-385.

[88] 朱旭. 绿色建筑的可持续生态设计：析《可持续设计》 [J]. 环境保护，2020，48 （24）：71-72.

[89] 石志恒，崔民，张衡. 基于扩展计划行为理论的农户绿色生产意愿研究 [J]. 干旱区资源与环境，2020，34（3）：40-48.

[90] 陈立文，赵士雯，张志静. 绿色建筑发展相关驱动因素研究：一个文献综述 [J]. 资源开发与市场，2018，34（9）：1229-1236.

[91] 汪涛，高尚德，李桂君. 基于元网络分析的重大基础设施建设项目风险评估框架与实证 [J]. 中国管理科学，2019，27（7）：208-216.

[92] 张长江，张玥，施宇宁，等. 绿色文化、环境经营与企业可持续发展绩效：基于文化与行为的交互视角 [J]. 科技管理研究，2020，40（20）：232-240.

[93] 陈泽宇. 低碳社区建设中的居民低碳行为驱动力模型研究 [D]. 北京：华北电力大学，2021.

[94] 孙国帅，姜德龙，张小令，等. 基于系统动力学的绿色建造企业生产力影响因素研究 [J]. 建筑经济，2021（10）：99-104.

［95］张爱民，张常杰，薛艳青，等．建筑企业绿色化评价指标体系构建研究［J］．施工技术（中英文），2022（5）：40-44.

［96］邢必果，张建新，陈月．基于SD模型的绿色建筑项目系统脆弱性研究［J］．工程管理学报，2020（4）：112-117.

［97］申玲，钱诚，任莹莹．基于结构方程模型的绿色建筑产业发展要素研究［J］．统计与决策，2017（20）：68-71.

［98］项勇，郑茂，代天卉．我国建筑业高质量发展动力因素及影响机理研究［J］．建筑经济，2019（12）：15-20.

［99］曹志成，刘伊生，李明洋，等．基于CRITIC和TOPSIS法的装配式建筑绿色度评价研究［J］．建筑节能，2018（9）：37-40＋58.

［100］叶祖达，李宏军，宋凌．《中国绿色建筑技术经济成本效益分析》解读［J］．建设科技，2013（6）：44-45.

［101］张仕廉，李学征，刘一．绿色建筑经济激励政策分析［J］．生态经济，2006（5）：312-315.

［102］王蕾，姜曙光．绿色生态建筑评价体系综述［J］．新型建筑材料，2006（12）：26-28.